L'AGRICULTURE

RÉGÉNÉRATRICE DE LA FRANCE

PAR M. E. BABLOT-MAITRE

AGRICULTEUR A JONCHERY-SUR-SUIPPE

MEMBRE TITULAIRE DE L'ACADÉMIE NATIONALE DE PARIS ET DU COMICE AGRICOLE DE CHALONS-SUR-MARNE, MEMBRE CORRESPONDANT DE L'INSTITUT DES PROVINCES, DE LA SOCIÉTÉ D'AGRICULTURE, SCIENCES ET ARTS DE LA MARNE, DE L'ACADÉMIE DE REIMS, LAURÉAT DE NOMBREUX CONCOURS ET AUTEUR DE DIVERS TRAVAUX D'ÉCONOMIE RURALE ET SOCIALE

MÉMOIRE COURONNÉ D'UNE MÉDAILLE D'OR PAR LE COMICE CENTRAL DE LA MARNE.

DEUXIÈME ÉDITION.

CHALONS

IMPRIMERIE T. MARTIN, PLACE DU MARCHÉ-AU-BLÉ, 50.

—

1877.

L'AGRICULTURE RÉGÉNÉRATRICE DE LA FRANCE.

L'AGRICULTURE

RÉGÉNÉRATRICE DE LA FRANCE

PAR M. E. BABLOT-MAITRE

AGRICULTEUR A JONCHERY-SUR-SUIPPE

MEMBRE TITULAIRE DE L'ACADÉMIE NATIONALE DE PARIS ET DU COMICE AGRICOLE DE CHALONS-SUR-MARNE, MEMBRE CORRESPONDANT DE L'INSTITUT DES PROVINCES, DE LA SOCIÉTÉ D'AGRICULTURE, SCIENCES ET ARTS DE LA MARNE, DE L'ACADÉMIE DE REIMS, LAURÉAT DE NOMBREUX CONCOURS ET AUTEUR DE DIVERS TRAVAUX D'ÉCONOMIE RURALE ET SOCIALE

MÉMOIRE COURONNÉ D'UNE MÉDAILLE D'OR PAR LE COMICE CENTRAL DE LA MARNE.

DEUXIÈME ÉDITION.

CHALONS

IMPRIMERIE T MARTIN, PLACE DU MARCHÉ-AU-BLÉ, 50.

1877.

AVERTISSEMENT DE L'ÉDITEUR.

La première édition de ce Mémoire ayant été rapidement épuisée appelait la réimpression d'une seconde, à laquelle on a cherché à donner plus d'intérêt encore, car elle est augmentée des rapports de l'auteur, délégué aux Concours régionaux de Reims en 1876 et de Nancy en 1877.

Les nombreux témoignages que M. E. Bablot-Maître a reçus et dont nous donnons plus loin quelques extraits sont pour lui le plus bel encouragement, la meilleure des récompenses et dispensent ses écrits de toute autre recommandation.

EXTRAIT DE TÉMOIGNAGES ADRESSÉS A L'AUTEUR.

ÉVÊCHÉ
de
CHALONS-SUR-MARNE.

Châlons, le 5 mai 1877.

MONSIEUR ET CHER DIOCÉSAIN,

J'ai passé une partie de ma journée à lire les brochures que vous avez bien voulu m'envoyer, et en particulier celle que vous venez de publier.

Je trouve ces écrits pleins de choses saines, solides et témoignant de connaissances précieuses à l'égard de l'Agriculture.

Mes idées sont complètement les vôtres ; la religion, le travail des champs, la famille, la discipline, l'amour du foyer domestique et du village : voilà des vertus qu'il faut recommander à nos contemporains « *qui lâchent la proie pour l'ombre* », dirait Lafontaine.

Je me félicite d'avoir un diocésain qui conçoit de si bonnes idées et sait si clairement les écrire et si bien les faire goûter.

Il me serait bien agréable de m'entretenir avec vous, et je souhaite que l'occasion s'en offre d'elle-même.

Agréez, Monsieur, l'assurance de ma particulière estime.

† GUILLAUME, Évêque de Châlons.

PRÉFECTURE
DE LA MARNE.
—
Cabinet du Préfet.
—

Châlons, le 19 juin 1877.

MONSIEUR,

J'ai reçu les brochures que vous me faites l'honneur de m'adresser, et je vous suis bien reconnaissant de votre envoi et de la lettre qui l'accompagne.

Vous avez raison de ne pas douter de mon concours.

J'ai pu me rendre compte, par moi-même, alors que je remplissais au ministère de l'agriculture les fonctions de chef de cabinet du Ministre, de l'importance vitale des questions que vous traitez avec tant de compétence, et je serai heureux de pouvoir, dans ce département, m'associer à votre œuvre et à la cause que vous défendez si dignement.

Veuillez agréer tous mes remerciements et l'hommage de ma parfaite considération.

SAISSET-SCHNEIDER,
Préfet de la Marne.

A M. E. Bablot-Maître.

PRÉFECTURE
DE LA MARNE.
—
Cabinet du Préfet.
—

Châlons, le 27 septembre 1876.

MONSIEUR,

Je vous suis infiniment reconnaissant de l'hommage que vous avez bien voulu me faire de vos publications intéressantes sur l'Agriculture et sur l'amélioration du sol champenois, question qui a depuis longtemps préoccupé les esprits des hommes dévoués comme vous aux intérêts du pays, et que je ne puis ignorer, car, un des premiers devoirs de l'Administrateur d'un département, c'est de favoriser par tous les moyens en son pouvoir, sa prospérité agricole.

Recevez, etc.

DUCREST DE VILLENEUVE,
Préfet de la Marne.

A M. E. Bablot-Maître.

PRÉFECTURE
DE LA MARNE.
—
Cabinet du Préfet.
—

Châlons, le 9 novembre 1875.

MONSIEUR LE MAIRE,

Je tiens à vous remercier de la manière gracieuse dont vous avez bien voulu accueillir ma venue dans le département de la Marne, et de l'envoi de vos brochures qui ont toutes un intérêt local dont je ferai mon profit........

Je vous remercie en outre de vos autres intéressantes communications, et vous prie de croire que j'accueillerai toujours avec le plus grand plaisir les réflexions de mes collaborateurs, lorsqu'elles sont inspirées surtout par le désir de contribuer au bien de l'enseignement.

Je me suis empressé de faire de vos observations l'objet d'une étude toute spéciale.

Agréez, etc.

Le Préfet,

Baron DE VAUFRELAND.

A M. E. Bablot-Maitre, maire de Jonchery-sur-Suippe.

PRÉFECTURE
DE LA MARNE.
—
Cabinet du Préfet.
—

Châlons, le 29 juin 1873.

MONSIEUR,

J'ai lu avec plaisir vos ouvrages.

Les questions que vous résolvez si judicieusement, posées d'ailleurs par la Société académique de la Marne, intéressent à un haut degré ce département, en grande partie agricole. A ce titre elles ont tout spécialement attiré mon attention.

Vos travaux témoignent d'une vaste érudition, d'un amour profond pour l'Agriculture et les laboureurs, et d'opinions sainement conservatrices et réellement progressives.

Je suis heureux de vous le dire, et je vous prie d'agréer avec mes félicitations, l'assurance de ma considération la plus distinguée.

R. DE JOUVENEL,
Préfet de la Marne.

A. M. E. Bablot-Maître.

Monsieur Maurice Pujos, Juge au tribunal civil d'Épernay, s'exprimait ainsi, le 22 septembre 1877 :

» J'ai lu ce matin votre brochure intitulée *l'Agriculture régénératrice* Je n'ai pas besoin de vous dire que je partage toutes vos » idées, et je voudrais que cet excellent écrit fût lu par tous, non » seulement en Champagne, mais en France. »

Monsieur l'abbé Quillet, vicaire général de Mgr l'archevêque de Reims, en adressant ses félicitations à l'auteur, ajoutait :

» C'est plus qu'un beau et excellent travail ; c'est une bonne, une » très-bonne action. »

INTRODUCTION.

Pareillement au calme qui suit toujours la tempête, au beau temps qui succède à la pluie, à la paix venant après l'ouragan dévastateur de la guerre, la France, démâtée, paraît renaître de son naufrage désastreux dans la mer de l'invasion étrangère. Malgré la mutilation de nos plus riches provinces, la saignée considérable de nos finances, la perte de milliers d'hommes, la France revit de son épuisement, de son anémie.

Semblables aux marins qui espèrent toujours, de même, pleins de confiance dans l'illustre, le vaillant capitaine qui dirige et maintient si fermement le gouvernail de la nation, nous devons tous chercher à imiter son exemple et seconder ses efforts en réparant nos avaries.

Il est donc du devoir de chacun de travailler dans la mesure de son possible à refaire les agrès du noble vaisseau de France !

Sur cette mer agitée, je m'estimerai heureux pilote, si je puis contribuer, même faiblement, à ramener au port notre belle patrie encore en deuil et si éprouvée.

La Régénération agricole, ai-je dit quelque part, *doit précéder la régénération sociale*. C'est cet axiome, que dis-je ? cette grande vérité, cette necessité sociale que je vais essayer de démontrer, comptant beaucoup sur l'indulgence de ceux qui liront ces quelques lignes, et espérant un accueil, sinon favorable, du moins bienveillant, ainsi qu'il en a été de mes travaux antérieurs.

L'AGRICULTURE

RÉGÉNERATRICE DE LA FRANCE

La guerre cruelle dont la France a été naguère la victime, les saturnales sauvages d'un vandalisme communard, qui ont ensanglanté en même temps les rues de la capitale, détruit ses maisons, brûlé ses monuments, sans respect pour ces témoins séculaires de notre ancien prestige, pour ces pages vivantes de notre histoire, tels sont les fléaux terribles qui ont fondu en 1870-1871 sur notre pays.

Deux de nos plus belles provincess et cinq milliards exigés par notre implacable ennemi, telle fut la dure rançon à laquelle il faut ajouter cinq autres milliards pour nos autres pertes (1). On voit à quel fabuleux total se chiffrent nos désastres, sans compter des milliers de jeunes gens, la fleur de la jeunesse, perdus à tout jamais.

Puissent ces sacrifices douloureux et cette terrible expiation détourner à jamais de notre patrie des catastrophes que l'on pourrait éviter en se régénérant !

Oui, tel est le bilan du dernier déchaînement des passions humaines en France, car les guerres, étrangères ou civiles, ont toujours pour cause l'orgueil, l'ambition de deux hommes, deux partis ou de deux nations, dont les conséquences sont la haine et la vengeance.

(1) La perte de l'agriculture seule se chiffrait par un milliard, dont 250 millions en gros bétail.

La première guerre n'a-t-elle point commencé dès qu'il y eut deux hommes sur la terre, c'est-à-dire entre Caïn et Abel?

Le remède à tant de maux, la régénération enfin, consiste pour être logique, à éviter le mal et à faire le bien. Nos efforts doivent donc tendre à l'apaisement des esprits, à la concorde, à la charité envers nos semblables, en un mot, à la véritable fraternité; mais il faut y ajouter le travail et une économie bien entendue.

C'est dans ces conditions que la France se rélèvera tout-à-fait.

Si les passions humaines sont les causes premières des révoltes ou des guerres, il est de toute évidence que la paix, la tranquillité doit se trouver dans la pratique des vertus, c'est-à-dire de la morale; mais il n'y a pas de morale sans religion, qui est le seul frein naturel de nos révoltes. Otez un peu la religion de la morale, que reste-t-il? la force, c'est-à-dire le soldat ou le gendarme?

C'est donc dans la pratique des principes moraux divins que se trouve la véritable régénération sociale.

Comme il n'y a pas de véritable morale sans la religion (1)

(1) La base de la morale publique, la seule base de l'ordre social, a dit Cuvier, consiste dans le sentiment religieux, qui détermine chacun à rendre au Créateur de l'univers le culte qui lui est dû; c'est le sentiment universel qui a été donné à l'homme par Dieu lui-même en le créant, ce sentiment qu'un incrédule, au milieu de ses sophismes, ne pourrait détruire. M. de Serres exprime la même pensée, et ajoute : « La morale est donc contemporaine de toutes les sociétés; elle a donc pour conséquence le respect et l'honneur envers le Créateur suprême et envers les auteurs de nos jours, la vieillesse, l'amour de la patrie, enfin toutes les vertus que l'on trouve chez tous les peuples, et sans lesquelles tous les peuples sont condamnés à périr.

La loi religieuse est la base de la loi civile, comme la morale sociale doit avoir pour base la religion. En effet, le Décalogue nous ordonne de respecter Dieu, Créateur de l'univers, respect du fils pour son père et sa mère, qui sont les représentants de Dieu envers lui, respect par conséquent de la femme et de la fille d'autrui : en deux mots : lois sacrées du mariage et de la famille, respect de la propriété et de la religion.

(que l'on n'abandonne jamais en vain, ainsi que nous l'apprend l'histoire), c'est sur cette base que l'on doit élever le nouvel édifice social.

La régénération doit commencer par l'individu, par la famille, avant d'embrasser la société, qui n'est qu'une grande famille.

Cette régénération de soi-même est d'autant plus nécessaire, qu'il est démontré que notre ennemi le plus acharné, ce sont nos passions, causes physiques et morales de nos désastres, causes parfaitement résumées dans le tableau suivant d'un agronome érudit, d'un jugement rare (1), dépeint de main de maître.

« L'excès du luxe, les triomphes trop faciles de la bohême financière, les travaux somptueux de toute nature attiraient les hommes et les capitaux et les aventuriers de tout étage, en soutirant les forces vives des campagnes. Comment d'ailleurs la vue des fortunes scandaleuses amassées dans l'agiotage ; comment le spectacle des corruptions triomphantes n'eût-il pas enflammé l'envie de ces malheureux ouvriers, auxquels les entraîneurs du journalisme révolutionnaire enseignaient le mépris de Dieu et des lois morales, la haine de tout devoir et de toute contrainte, en les persuadant qu'eux seuls sont les vrais producteurs, eux seuls les vrais souverains, et que, pour entrer dans la souveraineté, ils n'avaient que la peine de se compter?

» Croît-on que Paris a été éclairé par les ruines et les crimes? Croit-on que la France a profité de ses échecs et de ses revers cruels? Non, mille fois non. La démagogie travaille au grand jour, surtout dans les villes, et ne doute point de son triomphe futur. »

Examinons ce qui se passe autour de nous : l'autorité n'a plus le prestige et la force qu'elle avait autrefois.

Ne semble-t-il pas que tout le monde voudrait commander et que personne ne veut plus obéir?

(1) L. Hervé, directeur de la *Gazette des Campagnes*.

Cela vient nécessairement de l'abandon des principes ; dès lors, plus de règles que la fantaisie, l'intérêt ou la passion.

« Le principe d'autorité est méconnu, disait aussi M. de la Bouillerie au comice de Beaugé ; c'est le mal de notre époque, et c'est la cause du trouble dans lequel s'agite depuis longtemps la France. On a beau vouloir ériger en doctrine que les principes sont inutiles : les principes ont assez de force pour relever les sociétés, pour leur rendre la stabilité, la prospérité et l'éclat. »

Ne sommes-nous point arrivés à une époque où chacun se défie l'un de l'autre au lieu de chercher à s'entendre, à s'unir : l'*union*, en effet, *fait la force*.

Nos campagnes sont aujourd'hui la seule réserve de l'ordre social, et, comme l'a dit le spirituel publiciste que j'ai cité en commençant : « Malheur à la France si les campagnes ne se hâtent de s'éclairer sur la situation que leur ont faite les terribles épreuves que nous venons de subir et ne se préparent point, par une saine éducation morale, politique et civique, à remplir la mission qui leur incombe. »

Les campagnes sont l'incarnation de l'ordre ; elles repoussent avec indignation, avec mépris, les sectes qui prêchent la spoliation, parce qu'elles savent que la propriété est le fruit du travail ; elles repoussent aussi les énergumènes qui renient la famille, le mariage et tous les devoirs sacrés attachés à la condition de père, de mère, de frère, de sœur ; elles repoussent par-dessus tout la négation de Dieu, principe et sanction suprême de toute loi morale et sociale.

En consultant l'histoire, on ne voit pas un peuple qui n'ait payé de sa chute l'oubli des lois souveraines ; pas de peuples grands et prospères, sinon ceux qui s'y attachent solidement et en font la base de leurs lois et coutumes.

« Les peuples ne sont pas faits ponr les gouvernements ; mais les gouvernements sont faits pour les peuples. »

N'abordons point ce terrain, ce terrain brûlant de la

politique, qui n'est point de notre ressort, et laissons à ceux qui ont la grande, la difficile, l'ingrate mission de nous gouverner le soin de cette tâche laborieuse, délicate et pénible.

A l'heure qu'il est, la France ne peut compter que sur elle-même pour relever le pays de tant de ruines matérielles et morales : *là est le salut, la régénération de la Patrie.*

L'agriculture, chacun le sait, est contemporaine de la création : le travail de la terre imposé à l'homme par Dieu était un travail de régénération, et la première loi donnée à l'homme a donc été une loi divine.

Depuis les temps les plus reculés, l'agriculture a toujours été honorée, et les peuples, même dans leur décadence, la déifièrent ; la raison en est que les peuples les plus sauvages et les moins civilisés ont toujours reconnu la nécessité d'une religion, comme frein aux passions. C'est ainsi que les Egyptiens adorèrent l'idole Osyris, les Grecs firent hommage des prémices de leurs moissons à Cérès, les Latins à Janus ; les Romains, dans leur décadence, n'élevèrent-ils point non-seulement des statues, mais encore un temple à Stercutius *(le dieu fumier),* et n'élevèrent-ils pas aussi au rang des dieux Numa et Romulus?

Plus heureux que du temps du paganisme, nous savons rendre à César ce qui est à César et à Dieu ce qui lui est dû.

Dans notre siècle, l'agriculteur reconnaît à chaque pas les œuvres du Créateur, dans sa contemplation de tous les jours.

L'homme, sorti du limon de la terre par la puissance du Créateur, est devenu terrestre et agriculteur dès son origine, par la force des lois divines et naturelles. Chacun trouva sur le sol originel, arrosé de sueurs, la vie nécessaire à tous. De là cette grande vérité que les familles, comme les nations, sont liées à la terre, qui seule produit leurs moyens d'existence.

« Si elles n'y tiennent point par des racines, comme les végétaux, disait un bien regrettable économiste, le docteur

Guyot, elles en dépendent au moins comme tous les animaux, dont le corps se forme et dont la vie s'entretient des minéraux, des plantes et des autres dérivés du sol, solides, liquides et gazeux, et des forces naturelles qui s'y manifestent : lumière, chaleur, électricité et gravitation. »

On le voit donc, la première nécessité de la vie humaine, après sa reproduction, consiste dans son entretien par les aliments, les vêtements, les abris.

Toutes les œuvres de la création, en un mot, nous rappellent à Dieu. Je ne puis résister à citer ici quelques lignes de l'auteur des *Leçons de la Nature*, qui devraient trouver place dans toutes les bibliothèques. Dans sa contemplation, ce savant auteur (1) s'écrie : « Qui a construit la voûte immense des cieux? Qui a placé dans le firmament ces feux si innombrables, ces astres qui, d'une si prodigieuse distance, envoient leurs rayons jusqu'à nous? Qui leur ordonne de se mouvoir avec tant de régularité? Qui a dit au soleil d'éclairer et de fertiliser la terre?

» Superbes montagnes, qui vous a établies sur vos fondements? Qui élève vos têtes jusqu'au-dessus des nues? Qui vous orne de forêts verdoyantes, de ces arbres fruitiers, de ces plantes utiles et si variées, et de tant de fleurs agréables? Qui a couvert vos cîmes sourcilleuses de neige et de glace et fait jaillir de vos entrailles ces sources qui humectent et fécondent la terre, ces fleuves majestueux qui portent partout l'abondance et la vie?

» Fleurs des champs, qui vous donne cette magnifique parure? Par quel prestige un peu de terre et quelques gouttes d'eau ont-elles produit vos grâces enchanteresses? D'où vous viennent ces parfums qui nous embaument et nous récréent? ces couleurs brillantes qui réjouissent nos yeux, et que l'art des mortels ne peut imiter?

» Oui, mon Dieu, c'est votre parole puissante et sage qui

(1) M. Cousin-Despréaux.

appela toutes ces choses et leur donna l'être, le mouvement et la vie. Le ciel avec tous ses feux, la terre émaillée de fleurs, le chant mélodieux des oiseaux, le doux murmure des fontaines, le cours majestueux des fleuves, la diversité des paysages, mille points de vue tous plus variés les uns que les autres, fournissent sans cesse de nouveaux sujets de contemplation auxquels nous ne pouvons point être insensibles, à moins de ressembler à l'animal stupide qui se nourrit de l'herbe des prés et se désaltère le long des ruisseaux. »

Quoi de plus beau en effet, de plus saisissant, de plus harmonieux que les beautés de la nature! Quoi de plus propre à nous rappeler notre origine et à remercier le Créateur ! Ah ! c'est que l'agriculture est notre nourricière à tous. Quoi de plus grand que de donner au genre humain sa nourriture et sa vie !

« Par l'agriculture, disait un jour un illustre évêque (1), Dieu nourrit l'humanité, et, chaque jour, celle-ci, en demandant sa nourriture au Père céleste, dit à l'agriculteur :

« Donnez-nous aujourd'hui notre pain quotidien. »

C'est la raison pour laquelle la bêche, la charrue, la herse et la faucille sont honorées dans toutes les langues et chantées par tous les poètes.

Oui, c'est l'Agriculteur suprême qui créa les champs et qui le premier les cultiva ; c'est lui qui fait les saisons et leur favorable influence ; c'est lui qui envoie la chaleur, les vents rafraîchissants, les tièdes ondées.

Les rudes travaux des champs imposent une vie réglée et sobre ; ils endurcissent aux fatigues, fortifient les corps et trempent les caractères.

L'agriculteur est ennemi des troubles, non-seulement par intérêt, mais par sa constitution même.

L'ordre, l'activité, l'économie, la prévoyance, la persévérance sont nécessaires aux travaux des champs.

(1) Mgr Dupanloup.

Intelligence, instruction, piété, vertu, voilà le premier capital, le fonds indispensable.

Columelle disait que les travaux des champs étaient proches parents de la sagesse.

Si nous voulons chercher encore une autre preuve de l'alliance intime de l'agriculture et de la religion, nous la trouverons dans les prières que l'Eglise demande chaque année pour les produits de la terre.

La Fête-Dieu, par exemple, n'est-elle pas une des plus belles manifestations des bénédictions que la religion appelle sur les biens terrestres? Il n'y a point de fête plus chère au cœur de l'agriculteur.

Voici la raison, au point de vue agricole et religieux, qu'en donne le savant publiciste (1) que me plais à citer encore :

« L'Eucharistie est avant tout un sacrement agricole et viticole; le pain et le vin que Jésus-Christ change en son corps et en son sang sont eux-mêmes le produit d'une transsubstantiation due aux travaux, aux sueurs, aux fatigues et aux sacrifices du laboureur et du vigneron. L'Eucharistie, vue de ce côté, est le sacrement de l'union de la créature à son Créateur; il contient tout le mystère de la vie terrestre dans son union avec la vie céleste, terme sublime de la destinée humaine.

» Le pain et le vin, avant de devenir la substance de notre corps, tirent de la terre et de l'air leurs éléments organiques et minéraux. Par le pain et le vin, l'homme communie avec la matière. A son tour, Jésus-Christ incorpore la substance divine à la substance humaine par le moyen du pain et du vin.

» Cultivateurs et vignerons sont les ministres, avec le prêtre, de cette ineffable union de la terre à l'homme et à Dieu; en un mot, de la création terrestre à l'auteur de

(1) L. Hervé.

toutes choses. Ainsi, depuis la motte de terre où croit le blé, où pousse le cep, jusqu'à Dieu, l'Eucharistie relie la terre au ciel.

» Il nous apprend, il nous enseigne que le travail et le sacrifice sont les principes premiers de toute grandeur et de toute félicité, ici-bas comme dans la vie éternelle.

» En unissant dans une auguste alliance le ministre de la charrue au ministre de l'autel, il nous révèle le sens de cette parole sublime du Sauveur : « *Pater meus agricola : Mon père aussi est agriculteur.* »

L'agriculture est donc la rédemption matérielle de l'homme, comme le christianisme en a été sa rédemption spirituelle. Si de grands talents jettent un éclat passager, de grandes vertus peuvent régénérer la France.

L'agriculture donc possède toutes les vertus sociales.

Avant d'approfondir cette importante question sous tous ses aspects, jetons un coup-d'œil rétrospectif sur le passé de notre race.

L'histoire du monde nous apprend que, depuis plus de 6,000 ans, à la suite des diverses destructions causées par de nombreuses guerres, les différents peuples sont toujours retournés aux travaux des champs, aux travaux de la paix par excellence.

En remontant seulement à l'origine de la Gaule, on voit que nos ancêtres les Gaulois s'adonnaient activement à l'agriculture. La propriété personnelle leur était inconnue, bien que leurs chefs leur distribuassent chaque année des terres conquises, en tel lieu, en telle quantité convenable, car, l'année suivante, ils les forçaient de tout quitter, de tout abandonner pour aller s'établir ailleurs, afin de ne pas s'attacher au sol et de ne pas perdre ainsi le goût de la guerre.

Des auteurs (1), très-lus, de la *Vie rurale en France*, et des travaux desquels je m'inspire, nous font connaître que

(1) MM. Monteil et C. Louandre.

J. César, après la conquête de la Gaule, fit cesser ce communisme territorial et le remplaça par la propriété individuelle.

Beaucoup d'historiens ont considéré les tribus de la Gaule comme des barbares, tandis qu'il est bien prouvé, ainsi que M. V. Cancalon l'a savamment soutenu, que les Gaulois ont été les fondateurs de la civilisation occidentale, et que leur agriculture, comme leur industrie, étaient arrivées à un haut degré de perfection quand César les attaqua. Si l'on en croit un de nos économistes contemporains (2), nos vaillants ancêtres avaient connu les merveilles de la civilisation orientale avant de pénétrer en Europe, car ils possédaient en Asie de nombreux établissements, et c'est à la suite de leur conquête de l'Egypte qu'ils vinrent coloniser nos contrées.

Le pays du Rémois est cité comme une des provinces les plus puissantes, et Reims une des villes les plus considérables de la Gaule.

Sous le régime gaulois, les 9/10es du sol étaient livrés au pâturage et à la forêt. Le seigle était très-connu et l'avoine très-répandue dans leur culture, pour la plus grande partie pastorale. D'où, conclut M de Lavergne, la grande quantité de viande ou la forte nourriture de cette vaillante tribu, qui ne connaissait guère les superfluités du luxe, explique la haute taille et les forces musculaires de cette brave nation.

De même que la conquête avait modifié ce que l'on appelle aujourd'hui l'état civil des Gaulois, de même le christianisme modifia les mœurs des Gallo-Romains.

Vers le Xe siècle, on vit s'élever la société féodale sur les ruines des institutions romaines et germaniques.

Ce sont les *moines* qui ont défriché la France et une partie de l'Europe. Ce sont également des *religieux*, des Chartreux de Lillers, qui firent au XIIe siècle l'essai de puits jaillis-

(2) M. L. de Lavergne.

sants, appelés actuellement puits artésiens. Un autre ordre de *religieux* (1), les *Oratoriens* de Maubeuge, essayèrent le drainage au moyen de tuyaux en 1600 (2). Suivant un des honorables auteurs cités plus haut, le blé (j'ai oublié de le signaler) ne fut connu dans la Gaule qu'au premier siècle de notre ère, et les grands résultats qu'on en obtint le firent vulgariser rapidement.

En dehors des céréales, les Gaulois de l'Aquitaine cultivaient le millet, le chou, la vesce, les fèves et les lentilles; ils faisaient également une grande consommation de sarrasin ou blé noir. Le maïs fut naturalisé dans la vallée du Rhône sous les premiers Valois.

Je crois qu'il serait intéressant, dussé-je m'éloigner un instant du fond de mon sujet, de rapporter ici, d'après M. Monteil, combien peu de plantes sont indigènes de la France.

Parmi les légumes, le concombre vient d'Espagne ; l'artichaut, de la Sicile et de l'Andalousie ; le cerfeuil, de l'Italie ; le cresson, de Crète ; la laitue, de Coos ; le chou blanc, du Nord ; le chou vert, le chou rouge et le persil, de l'Egypte ; le chou-fleur, de Chypre ; l'épinard, de l'Asie mineure ; l'asperge, de l'Asie ; la citrouille, d'Astrakan ; l'échalotte, d'Ascalon ; le haricot, de l'Inde ; le raifort, de la Chine ; le melon, de l'Orient et de l'Afrique ; l'Amérique nous a fourni la pomme de terre et le topinambour.

Parmi les fruits, nous devons l'aveline, la grenade, le coing et le raisin, à l'Asie, l'abricot à l'Arménie, la pêche à la Perse, l'orange à l'Inde, la figue à la Mésopotamie, la noisette et la cerise au Pont, la châtaigne à la Lydie, la prune à la Syrie, les amandes à la Mauritanie, et les olives à la Grèce.

(1) Lavergne.

(2) N'est-ce pas aussi un moine qui importa en Europe le ver à soie dans un bâton creux ?

Parmi les arbres, le marronnier vient de l'Inde ; le laurier, de la Crète ; le sureau, de la Perse ; l'orme, d'Italie.

Parmi les fleurs, la narcisse et l'œillet viennent aussi de l'Italie ; le lys, de la Syrie ; la tulipe, de la Cappadoce ; le jasmin, de l'Inde ; la reine-marguerite, de la Chine ; la capucine, du Pérou ; le dahlia, du Mexique.

On croit que la vigne fut importée en 380 par Brennus. Vers le Ve siècle de notre ère, la vigne était très-nombreuse dans le Languedoc, la Bourgogne et le Berri. En Champagne, c'est vers le moyen âge que cette plante se propagea.

Vers le XIVe siècle, l'agriculture fit des progrès marqués sous Philippe-le-Bel, Louis X, Philippe-le-Long et Charles V. C'est Philippe-le-Bel qui établit les premières douanes frontières, et le droit de vaine pâture fut l'œuvre de Charles V, surnommé le Sage. C'est également lui qui fit paraître les premiers règlements généraux relatifs à l'administration des eaux et forêts.

Après les guerres cruelles du XVe siècle, la France vit revenir les beaux jours du temps de Charlemagne, dont les Capitulaires nous offrent des preuves multipliées des soins qu'il faisait donner à la culture de ses domaines, et l'exemple du monarque ne put manquer d'avoir une grande influence.

En effet, l'affermissement du pouvoir royal et le rétablissement de l'ordre favorisèrent le progrès agricole, et le XVIe siècle vit naître le grand roi Henri IV, le père de l'agriculture et le type idéal de Charlemagne. Aidé de son habile ministre Sully, qui mettait en pratique chaque jour sa belle devise : « Pâturage et labourage sont les deux mamelles de l'Etat, » la France trouva alors dans la culture de son sol une mine inépuisable.

Aussi, l'agriculture devint-elle bientôt des plus florissantes et des plus prospères, au point que le roi permit l'exportation des grains, qui, jusque-là, était sévèrement défendue. Non-seulement Henri IV protégea l'agriculture, les sciences et les arts, mais encore, pour réparer les désastres des malheureuses guerres civiles et religieuses qui ont marqué les règnes de ses prédécesseurs et le commencement du sien, il fit licencier son armée. Dans une de ses déclarations, il disait : « Nous voyons nos sujets réduits et proches de tomber en une imminente ruine, par la cessation des labours, presque générale en notre royaume. » Aussi s'empressa-t-il d'exonérer les populations des campagnes d'impôts considérables, vingt millions d'arriéré sur la taille, et défendit d'emprisonner les contribuables et de saisir leurs meubles, leurs bestiaux et leurs instruments aratoires pour cause de non paiement d'impôt ; il autorisa en outre les communes à racheter leurs propriétés aux prix vendus pendant les troubles. Bien qu'il fit réduire les tailles et les gabelles, Henri IV, par une sage économie, acquitta toutes les dettes de l'Etat, qui s'élevaient au chiffre, fabuleux pour l'époque, de neuf cents millions, et racheta pour cinquante millions de domaines aliénés.

Souvent, il répétait ce désir de toute sa vie, qui montre combien il reconnaissait que le premier des intérêts de la France était dans la protection de l'agriculture : « *Si Dieu me prête vie, je veux que le plus pauvre paysan de mon royaume mette, au moins le dimanche, la poule au pot.* » Nul règne ne fut mieux rempli. Partout, à cette époque d'heureuse mémoire, et qu'il ne faut pas désespérer de voir revenir, un grand mouvement agricole se manifesta chez tous les peuples de l'Europe : Caton, Columelle, Varron, Palladius sont reproduits dans toutes les langues.

Ces grands maîtres de l'agriculture romaine, qui étaient très-avancés, trouvèrent des imitateurs. La France ne resta point en arrière. Elle vit naître en 1510 le célèbre Bernard Palissy, chimiste, physicien et agronome, qui publia un ouvrage intitulé : *Recette véritable par laquelle tous les hommes de la France peuvent apprendre à multiplier et à augmenter leurs richesses.*

En 1539 apparut un patriarche de l'agriculture, qui mit

à profit les libertés agricoles qu'avait décrétées le bon roi Henri, pour publier, en 1609 un livre des plus intéressants, une véritable encyclopédie agricole encore très-recherchée aujourd'hui. Je veux parler d'Olivier de Serres et de son *Théâtre de l'Agriculture*. Ces deux importants ouvrages réagirent beaucoup contre l'absentéisme des grands propriétaires agricoles, signalé par le célèbre voyageur anglais Arthur Yung, qui, dans la relation de son voyage en France, s'exprimait ainsi : « *Toutes les fois que vous rencontrez les terres d'un grand seigneur, même quand il possède des millions, vous êtes sûr de les trouver en friche.* »

Si l'agriculture romaine a été en décadence, elle eut aussi ses beaux jours. Les lois agraires de ce grand peuple punissaient du supplice de la croix ceux qui coupaient ou enlevaient les récoltes.

Les tribus de la campagne étaient estimées; celles de la ville, composées de gens oisifs, étaient méprisées, et le *déshonneur accompagnait l'habitant des champs qui émigrait vers les villes.* Le laboureur tenait le premier rang après la noblesse. Au comble de sa prospérité et de son abondance, la république romaine, sous Marius Murcius, a vu le boisseau de blé à un as ou un sou pendant treize marchés consécutifs. Le savant abbé Rozier rapporte (1) qu'il en fut de même sous l'administration de Spurius Murcius, et que le blé fut encore au même prix lorsque Lucius Metellus revint triomphant à Rome.

Henri IV paraît s'être inspiré de la prédilection des Romains pour l'agriculture. C'est sous le règne de ce monarque que Nicot importa le tabac et Parmentier la pomme de terre. C'est aussi à cette époque mémorable que la betterave et le houblon firent leur apparition sur notre sol. Les cultures fourragères du trèfle et du sainfoin se propagèrent également très-vite. Enfin l'agriculture française

(1) Dans son Cours d'Agriculture publié en 1780.

reçut une nouvelle impulsion, sous Louis XIV et Louis XVI, par la création des routes et des canaux. Ce dernier fut aidé par son vaillant ministre Turgot, qui fonda une école d'économistes distingués, et s'efforça d'imiter ses prédécesseurs Colbert et Louvois, ministres de Louis XIV. Malheureusement, plus tard, l'exemple de la décadence des Romains se propagea plus vite que le progrès. Columelle, dans ses ouvrages, rapporte des faits que l'on pourrait appliquer à la France.

« *L'agriculture*, disait-il, *était alors considérée comme un vil métier et de nature à n'avoir besoin d'aucun enseignement pour être apprise. Quant à moi, quand je considère cet art dans le grand, et que je l'envisage formant un corps d'étude d'une vaste étendue, et ensuite descendant dans toutes les parties qui composent la totalité, je crains de voir la fin de mes jours avant d'en avoir la connaissance entière.* »

De nos jours, ajoute son commentateur cité plus haut, ces paroles peuvent parfaitement s'appliquer à l'agriculture actuelle. Les uns pensent que l'agriculture ne suppose aucune étude préliminaire ; les autres conviennent de la nécessité d'apprendre, de réunir la théorie à la pratique ; mais ils ne prennent pas la peine d'étudier ; d'autres encore, véritables routiniers, cultivent sans réflexion, taillent les vignes, les arbres sans principe ; d'autres, enfin, découragés par les lois contraires à la production première, quittent la campagne, éblouis et attirés par les bénéfices exorbitants de l'industrie et du commerce, vont se fixer dans les villes, laissant pour les travaux impérieux du sol des invalides du travail, et peuplent les cités et les bourgades au détriment de l'équilibre général et de la morale publique.

N'est-ce point exactement ce qui existe encore aujourd'hui ? N'est-ce point le fidèle tableau des misères de notre agriculture contemporaine, peint à un siècle de distance ?

De ce qui précède, il résulte, il est démontré que l'agriculture est la bienfaitrice de l'humanité, quoique l'on voie chaque jour des esprits supérieurs montrer pour la nourricière du genre humain un profond dédain, tempéré seulement par les sentiments de compassion que leur inspirent 27 millions d'agriculteurs.

Pour que l'agriculture soit tout-à-fait régénératrice, il faut qu'elle réoccupe le rang qui lui est dû par la nature même de sa constitution ; il faut solliciter des réformes indispensables, et afin de réparer des abus la rendre de nouveau prospère. C'est ce que je vais essayer de démontrer encore dans la seconde partie de ce travail, en m'appuyant sur des autorités des plus compétentes en matière d'économie agricole et sociale.

« C'est par l'agriculture et les agriculteurs, disait un agronome émérite (1), que notre France, récemment vaincue, momentanément abaissée, partiellement démembrée, se relèvera un jour grande, forte et bientôt glorieuse ! »

« Oui, s'écrie aussi M. Leroy dans son Enseignement agricole, l'agriculture peut seule rendre à la France sa force, son indépendance et ses revenus. »

Le territoire français étant spécialement un territoire agricole, c'est en effet par l'agriculture que la France doit retrouver sa splendeur. C'est du sein de la terre arable que doit renaître la richesse publique, et c'est du sein des familles agricoles que doivent sortir les jeunes hommes robustes et disciplinés qui seront un jour le soutien de l'honneur national !!! L'agriculture, malgré son délaissement, son abandon, est la première force de notre pays, la seule que l'on ait toujours négligée, celle dont il y a le plus d'urgence à s'occuper.

Pour soulever le monde, Archimède ne demandait qu'un point d'appui, on l'a dans l'agriculture basée sur une bonne instruction, cet autre puissant levier. Il faut qu'elle soit organisée de telle sorte qu'elle s'adresse aux enfants de

(1) Victor Châtel.

l'école primaire ; qu'elle forme l'ouvrier à la pratique manuelle la plus rationnelle; qu'elle prépare le jeune homme à l'agriculture professionnelle et à la pratique du cultivateur, et que, par les expériences les plus sérieuses des améliorations réalisées, elle forme des agronomes, et qu'elle permette enfin aux hommes faits d'acquérir des notions saines sur le véritable progrès.

Il faut donc s'efforcer de faire aujourd'hui d'intelligents et habiles ruraux des enfants des cultivateurs, et, par cette double instruction agricole, qui sera pour eux une source sinon de richesse, au moins d'aisance et de bien-être, les attacher aux foyers et aux champs paternels.

Voilà le programme ; il s'étend de la base au sommet, couvre toute la population pour féconder toutes les intelligences et fortifier les esprits dans une bonne direction.

Chacun sait qu'en présence du fléau de la dépopulation et de l'émigration vers les villes, une des plus tristes conséquences, c'est la dégénérescence physique et morale de l'homme, constatée chaque année par les conseils de révision, malgré maints abaissements du minimum de la taille.

Il est de toute nécessité de réagir contre ces effets désastreux, ces causes d'affaiblissement de l'espèce humaine, en revenant aux travaux ruraux et aux mœurs d'autrefois. On n'y arrivera que par une bonne instruction primaire et par une éducation agricole solide ainsi que je l'ai dit plus haut. Mais il ne faut point oublier cette parole sage d'un vaillant pionnier de la réforme agricole, M. Curzon : « La science est une force ; elle peut produire le bien ou le mal, suivant la direction qu'on lui donne. »

« Le vice de notre enseignement primaire, disait-il encore avec beaucoup de sagesse, est de pousser l'esprit des enfants vers des aspirations ambitieuses, indéfinies, et de leur faire perdre ainsi la satisfaction de leur condition presente.

» L'enfant voit le copiste, le commis, le domestique de

ville, mieux vêtu, mieux nourri que le cultivateur et suant infiniment moins. Plus tard, tout ce qu'il lit, tout ce qu'il voit des villes, les positions les plus lucratives, les fortunes fabuleuses du commerce et de l'industrie, le dégoûte de la vie rurale; il ne rêve plus que l'ambition d'un autre état, il quitte alors le toit paternel. »

Ah ! notre décadence morale nous fait marcher à grands pas vers le *panem et circenses* des Romains.

Heureusement, dirons-nous avec tous nos économistes contemporains, que les campagnes contrebalancent encore la dégénérescence de nos mœurs.

L'agriculture, a dit depuis bien longtemps Cicéron, n'est pas seulement une profession libérale nécessaire, elle est de plus une institution sociale; c'est une pépinière d'hommes robustes, sensés, dévoués à la patrie, à la paix, au bon ordre, à la liberté.

Que l'on n'oublie point que l'homme qui ne sait plus tenir la charrue laissera bien vite tomber l'épée.

Ne sont-ce point aussi nos campagnes qui fournissent ces nombreux missionnaires, portant au loin la civilisation par la foi, même chez les sauvages ? N'est-ce point aussi parmi nos populations rurales que se recrute le plus grand nombre des maîtres qui ont la belle mission d'instruire l'enfance ?

C'est des campagnes encore que, chaque année, l'on voit sortir ces nombreuses légions de filles de charité, sacrifiant leur avenir et leur vie pour secourir les malades dans les hôpitaux et les blessés sur les champs de bataille, de concert avec les religieux, et qui font l'admiration du monde entier ! De là, cette juste devise : *ense, cruce et aratro ;* c'est par *la croix, l'épée et la charrue* que l'on vaincra, que la France se régénérera.

Revenons à la vie rurale, que la sagesse éternelle nous défend de prendre en dégoût, car c'est une école d'économie, d'activité et de justice (1). « Qui sait aimer les champs,

(1) Cicéron.

sait aimer la vertu (1). » Fuyons les villes, où se crée le luxe. Le luxe produit la cupidité, la cupidité fait naître l'audace. De là, toute espèce de crimes qui ne peuvent prendre origine dans les habitudes sobres et laborieuses de la vie agricole.

« *Améliorer l'agriculture, c'est une gloire qui vaut toutes les autres*, disait un jour le vaillant maréchal Bugeaud. »

« *Protégeons les arts utiles, souffrons les arts agréables, rançonnons les arts frivoles et proscrivons les arts dangereux ;* » belles paroles d'un grand roi (2), que l'on devrait mettre en pratique aujourd'hui plus que jamais !

« Nos neveux s'étonneront un jour que, dans un pays comme la France, où tout vit de la terre, on n'ait pas commencé à enseigner aux enfants, après les remerciements au Créateur, l'art de la culture et d'y vivre heureux (3). »

Partout on se plaint qu'aux cinq millions d'élèves qui fréquentent nos écoles, dont trois millions et demi appartiennent à des familles de cultivateurs, on n'inculque point les premières connaissances indispensables à leurs travaux et au goût de leur profession, soit par des lectures attrayantes de la vie des champs, soit par l'arithmétique, en donnant des calculs ou des éléments de comptabilité basés sur les travaux, les produits des champs et les économies du ménage.

Actuellement, la vie rurale, en France, est dans un moment de transition décisif et critique, dont le bénéfice ne se recueillera que par ceux qui auront compris d'avance l'activité imprimée aux campagnes par les chemins de fer, par les moyens de communication et par les vastes entreprises de

(1) L'agriculteur trouve en germe dans ses travaux toutes les qualités qui font l'homme fort et le bon citoyen : le courage, l'abnégation, la persévérance, le dévouement à la patrie et l'indépendance. — Delille.

(2) Stanislas, roi de Pologne

(3) Blanqui.

crédit qui pénètrent partout et mettent les deux extrémités du monde en relations directes, ! Combien de cultivateurs ignorent aujourd'hui pourquoi le blé se vend moins cher qu'autrefois ? Combien savent pourquoi les laines mérinos sont moins recherchées ? La raison en est dans l'abus des mauvaises lectures, et partant dans l'ignorance des choses les plus nécessaires de la condition première de la vie humaine. Si, au lieu de lire des romans pernicieux, des publications immorales, pénétrant aujourd'hui jusqu'au fond de nos plus modestes chaumières et contribuant dans une grande proportion à notre dégénérescence physique et morale, l'habitant des campagnes s'adonnait à des lectures saines, utiles, si le cultivateur se procurait des livres, des journaux agricoles (1), développant ses idées, fortifiant son bon sens naturel et formant son jugement, tous ses intérêts n'auraient qu'à y gagner.

En bon père de famille, il éduquerait ainsi ses enfants dans le vrai, le bien, le beau, il anéantirait l'esprit de révolte, cette grave plaie de notre époque, ce fléau intérieur que l'on doit combattre journellement par les paroles et surtout par des exemples; il ferait enfin germer et revivre de nouveau le respect, l'amitié des inférieurs envers les supérieurs, et l'union, la charité dans les familles et la société. Puis encore, le public rural apprendrait bien vite à se protéger contre les piéges tendus à sa bourse par les aventuriers de la finance, à ses mœurs et à sa foi par les braconniers de la fausse science et du faux progrès; car tous les genres d'embûches sont tendus à chaque étape de sa route, et cela, sous les formes les plus diverses.

Mais, qu'on le sache bien, l'instruction, comme l'éducation, pour être civilisatrice, doit reposer sur les bases les plus solides, celles qui sont fondées sur la morale et la religion. M. le vicomte de Tocqueville, qui s'est sacrifié pour la régénération

(1) Comme la *Gazette des Campagnes*.

sociale, et qui a tant fait dans son département, ne craignait point de dire publiquement, dans son rapport au Conseil général de l'Oise : « Quant à moi, dussé-je passer pour un esprit étroit et rétrograde, quel que soit mon respect, ma haute estime pour la science, depuis ses éléments jusqu'aux sphères les plus élevées, je déclare hautement, ici et partout, que je préfère mille fois la vertu illettrée à la corruption savante ! ! ! Quel est celui d'entre nous qui ne confierait pas avec plus de sécurité sa fortune et son honneur à un honnête homme peu instruit, mais craignant Dieu, plutôt qu'à un insulteur diplômé de la divinité ? Eh bien, les générations que nous sommes appelés à élever, et qui nous succéderont, n'auront-elles point dans leurs mains la fortune et l'honneur de la France ? Faisons de nos fils de solides chrétiens, et nous serons sûrs d'en faire de bons citoyens et de bons Français ! Relevons donc les croyances, les mœurs par une éducation virile et chrétienne ; là, mais là seulement, est le salut ! »

Il est bien avéré que l'instruction et l'éducation véritablement agricoles font défaut en France. A plus forte raison doit-on désirer une meilleure direction chez les jeunes filles, principalement celles de la campagne, appelées à devenir de bonnes fermières et d'excellentes ménagères, et à mettre un frein à leur émgration vers les villes. De leur côté, les jeunes gens ne trouvant plus de compagnes de leurs travaux, suivent cet exemple funeste de la désertion en masse des bras, des intelligences de nos campagnes, où le vide se fait de plus en plus sentir.

Un honorable prêtre de la Meuse, M. Peschard, s'est dévoué pour réagir contre cette cause de dépopulation des campagnes, en créant un *pensionnat rural* pour les jeunes filles, à Saint-Hilaire-en-Wœvre. Là, les enseignements primaire, secondaire et supérieur sont basés sur l'agriculture. Depuis trente ans, époque de sa fondation, cet établissement modèle est devenu de plus en plus prospère ; il serait à désirer que cette utile création se généralisât, et que le digne abbé Peschard eût de nombreux imitateurs. Trois hectares de terre, tenant à la maison, servent à faire les cours pratiques. Tous les travaux d'intérieur et d'extérieur de ferme y sont habilement enseignés, y compris le jardinage et l'arboriculture.

En somme, son heureux fondateur a réussi à faire aimer les champs, à donner aux campagnes d'excellentes maîtresses et de bonnes fermières.

Dans la Gironde, un pensionnat de ce genre existe depuis quelque temps ; il a été créé sous le patronage de l'éminent cardinal de Bordeaux.

D'autres ecclésiastiques, MM. l'abbé Moudain, dans le département de Maine-et-Loire, et l'abbé Molard, dans la Haute-Marne, ont fondé des orphelinats agricoles de jeunes filles, qui sont de véritables pensions, quoique de fondation récente. Dans cette dernière, à Villegusien, on compte actuellement plus de 150 bêtes à cornes et 6 chevaux.

Ah ! c'est que l'on sent aujourd'hui plus que jamais que la vie rurale contient tous les éléments de la science sociale, politique et économique.

En France, c'est le département de l'Oise qui est le plus avancé, sous le rapport de l'instruction agricole principalement. Il possède, entre autres, le magnifique institut de Beauvais, où l'agriculture théorique et surtout pratique reçoit les développements les plus profonds. Une ferme y est annexée. Les cours secondaires y sont professés avec la science la plus avancée, le tout, sous la direction des Frères, dont le dévouement est sans bornes et l'esprit de sacrifice illimité. Sous leurs inspirations, de nombreux instituteurs ayant fait là leurs études, donnent à leur tour, à leurs jeunes élèves, les premières notions d'agriculture.

C'est à l'institut agricole de Beauvais, que le savant conférencier, M. L. Gossin, fait les cours agricoles. Ses nombreux ouvrages d'agriculture classique font de plus en plus merveille dans nos écoles de campagne.

Après l'Oise, je suis heureux de le signaler, c'est notre département qui vient en second lieu ; oui, c'est dans la Marne, où l'instruction va progressant chaque jour, que se rencontre le plus d'émulation, et où l'agriculture marche à grands pas, où les inventions nouvelles de la science et de l'industrie agricole sont immédiatement mises en pratique (1). Pour ne citer qu'un exemple, combien de sucreries, que l'on ne connaissait que de nom il y a peu d'années, ne compte-t-on pas dans la Marne ? A qui doit-on l'initiative du progrès agricole ? Qui donc a donné l'élan, l'impulsion, qui a changé la face de l'agriculture de la Champagne en contribuant à augmenter ses revenus ? On l'a déjà deviné : c'est le très-honorable M. Ponsard, le digne président du Comice départemental qui, par ses paroles, ses écrits, ses exemples et ses nombreux sacrifices, travaille journellement au bien-être du cultivateur, au grand intérêt de l'agriculture, et partant, à *la régénération de la France ! ! !*

Nul doute que notre département n'égale bientôt celui de l'Oise. A Reims, ne trouvons-nous point aussi un pensionnat dirigé, comme à Beauvais, par des Frères. Fondé, il y a une vingtaine d'années, ce magnifique établissement compte actuellement près de 600 élèves. L'enseignement rural y est très-suivi, et prépare les jeunes gens à des cours supérieurs où ils brillent tous. Combien de chefs de maisons de commerce viennent demander là des comptables et des caissiers, avant même que leurs études soient terminées, certains qu'ils sont de trouver chez eux la *confiance* que l'instruction et surtout l'éducation religieuse peuvent seules inspirer.

A Châlons, à l'Ecole normale, un cours d'agriculture, ou plutôt d'arboriculture pratique et de jardinage, est établi depuis quelques années, afin de former une pépinière de jeunes instituteurs qui inculqueront à leur tour les premiers éléments d'agriculture à leurs élèves.

(1) C'est le département où l'on compte le plus de machines agricoles.

Récemment, sur la demande du Conseil général, une chaire d'agriculture vient d'être créée dans cette école. Le titulaire (1) fera en temps convenable des conférences agricoles dans les campagnes. Heureuse idée, due encore à l'intelligente initiative de M. Ponsard, l'un de ses membres les plus actifs.

Après nos désastres, les concours, les exhibitions agricoles, montrent suffisamment que notre département se réveille et tient tête aux contrées les plus riches et les plus avancées. L'agriculture de la Marne ne sera jamais assez reconnaissante à son bienfaiteur, si ce n'est en *suivant ses exemples !*

Il est regrettable que la ferme-école d'Etoges n'ait pu survivre dans un département si essentiellement agricole. Un orphelinat agricole est aussi en voie de se fonder aux portes de Châlons-sur-Marne. La commune de Lépine possède également un de ces curés dévoués, qui non seulement a construit le presbytère à ses frais, mais encore, de concert avec le Conseil général, qui lui prête chaque année son concours en votant une subvention, recueille dans un local qui lui appartient de malheureux orphelins, afin de les initier plus tard aux travaux champêtres.

Ce réveil de l'esprit de sacrifice est d'un bon augure pour l'avenir de notre beau pays. Si nous voulons nous relever, donnons-nous la main et serrons-nous les uns contre les autres. Mettons de côté nos haines et nos divisions, nos injures qui n'aboutiraient bien certainement qu'à la honte et à la ruine. « Le travail est pour tout individu le meilleur préservatif contre les suggestions mauvaises, contre les doctrines pernicieuses et perverses qui conduisent à l'anarchie (2) » Que les ruraux en soient convaincus, le sort de la France est dans leurs mains : elle se relèvera glorieusement de l'abîme, ou elle roulera dans un abîme plus profond encore.

Les crises agricoles tiennent surtout à la rareté des tra-

(1) M. G. de Kirgener.

(2) L. de Lavergne.

vailleurs de la terre, dont un grand nombre se sont jetés vers l'industrie et le commerce, où les bénéfices incroyables ont permis l'augmentation des salaires ; de là, une concurrence pour l'agriculture impossible à soutenir. De leur côté, les fils des cultivateurs ont déserté le toit paternel et dépensé l'épargne de la famille loin des champs que cette épargne devait féconder.

La séduction des filles a attiré nos générations actuelles, elles ont déserté la chaumière pour l'atelier !

Qu'ils le disent franchement, ces jeunes gens qui ont fui avec tant d'empressement le foyer domestique pour n'être pas ruraux ! Qu'ont-ils trouvé dans l'atelier ? si ce n'est l'ignorance grossière, la propagande anti-religieuse et sociale, le vice hideux, l'immoralité dégoûtante, la dégradation physique et morale et l'affaissement de l'intelligence ! C'est-là, plongé dans une atmosphère fétide, qu'ils ont vécu, et, pendant les sanglantes journées qui ont plongé la Patrie dans le deuil, que sont-ils devenus ? Les uns ont grossi les bandes de l'anarchie, les autres se sont rangés sous le drapeau de l'ordre, et une lutte sauvage a commencé, lutte fratricide, dans laquelle des amis, des frères se sont battus les uns contre les autres et se sont entretués (1).

Une des causes encore de l'affaissement de l'agriculture, c'est la dépopulation. On s'occupe beaucoup, dans certains corps savants, nous dit le docteur Brochard, de la marche décroissante de la population, et on n'est que trop fondé à la signaler comme un péril pour notre avenir national. Lorsque l'on constate que tous les peuples voisins suivent une marche opposée, et que l'Allemagne, notre redoutable rivale, double sa population en 60 ans, la conséquence que l'on doit en tirer, c'est que dans vingt ans, l'Allemagne pourrait jeter sur la France quinze cent mille hommes, auxquels nous ne pourrions opposer que le tiers de ce nombre.

(1) L. Pérel.

Maintenant, la cause de la dépopulation réside dans la diminution des naissances, due à l'amour du luxe et du bien être matériel, qui font que le père redoute de voir sa fortune partagée entre plusieurs enfants, à la loi militaire qui retarde les mariages, à l'abus de l'alcool et à la débauche. Ayons donc le courage de réformer nos mœurs, mettons-nous résolument à l'œuvre, abandonnons cette vie oisive de café, de brasserie et de cabaret, renonçons à ces lectures, à ces spectacles immoraux qui semblent être aujourd'hui la principale occupation de la jeunesse française.

Le cabaret est l'ennemi le plus dangereux des mœurs rurales : il tue l'âme et le corps, il fait oublier la famille et engloutit le fruit du travail. (L. Peret.)

La statistique vient d'en compter le nombre vraiment effrayant, car la multiplication des cabarets s'est accrue d'une manière considérable depuis 40 ans.

Nos moralistes sont effrayés d'un tel accroissement, et l'on peut mesurer leurs regrettables et leurs funestes effets ou influences, en raison de la fréquentation de plus en plus active de ces lieux, dont la raison d'être a été complètement détournée de leur utilité première.

Cette question est grosse au point de vue social ; ceux qui voudront l'approfondir, ceux qui voudront l'élucider, seront comptés pour les hommes les plus utiles de ce temps-ci.

Dans sa pétition contre l'ivrognerie, M. Falconnet disait avec raison que la vie de famille perdait en moralité, en régularité, en épargne, tout ce que gagnait la vie de cabaret. Demandez-le à la mère de famille, ajoutait-il, la vraie gardienne du ménage agricole ; elle vous répondra : que les économies quittent la maison et disparaissent, et qu'au lieu du repos fortifiant du dimanche, son mari n'a plus que l'énervement d'une journée passée en débauche, débauche qui conduit à la folie. Laissons parler la statistique, dont les chiffres en diront plus que la parole :

La France	compte	1	aliéné	par	410	habitants.
L'Angleterre	—	1	—		432	—
La Suède	—	1	—		512	—
Les Etats-Unis	—	1	—		700	—
La Belgique	—	1	—		714	—

Quel triste rang nous occupons ! Encore un chiffre effrayant : les aliénés, qui étaient en France, pour cause alcoolique, de 8 0/0 en 1844, se sont élevés à 29 0/0.

Pendant qu'à Londres les suicides se chiffraient dans la proportion de 1 sur 175, Paris en comptait 1 sur 172.

Les derniers rapports de justice criminelle constatent aussi une augmentation de décès causés par les boissons alcooliques. Ils signalent également que le nombre des abrutis, des insensés va toujours en progressant sans cesse dans la même proportion que les clubs et les organes des passions démagogiques.

Comme palliatif, il faudrait centupler le prix vénal des breuvages dangereux pour la santé et pour la société. En France, les droits sur l'alcool ne sont que de 150 fr., tandis que l'Angleterre paie 350 fr., les Etats-unis, 375 fr., et la Russie, 750 fr.

Les tristes tableaux qui précèdent en disent assez, et leurs chiffres sont assez éloquents pour qu'il importe d'y remédier de la manière la plus énergique : la loi sur l'ivrognerie est insuffisante.

Je suis bien loin de penser que les hommes n'aient point besoin de se réunir, surtout après les durs labeurs de la semaine; d'autre part, je ne suis point partisan de la suppression des cabarets (bien qn'ils soient trop nombreux). L'idée primitive de ces établissements est aujourd'hui méconnue, car l'intention première de leur création c'était l'hôtellerie, plus tard appelée auberge, destinée au logement et aux besoins des voyageurs. C'est à l'abus que l'on en a fait que nous devons d'être descendus si bas.

Je partage pleinement l'opinion de l'éminent moraliste que je me plais à citer souvent (1).

L'idée juste, pratique, moralisatrice et civilisatrice serait d'organiser, dans chaque commune rurale, de modestes cercles, des lieux de rendez-vous où les citoyens honnêtes trouveraient le dimanche la société de leurs compatriotes avec tout ce qu'il faut pour passer quelques heures agréables, soit à des jeux, des récréations honnêtes, soit à parler de leurs affaires, soit encore à lire quelques bons journaux ou ouvrages agricoles. Pourquoi ne s'entendrait-on point avec un fournisseur pour se procurer quelques rafraîchissements dont on n'abuserait point. Un règlement, strictement suivi, maintiendrait tous les membres dans la limite de la modération et de la décence. Les plus instruits parleraient des affaires du temps, des questions agricoles, populariseraient les bonnes méthodes ; d'autres feraient connaître le résultat de leurs expériences de chaque jour ; d'autres encore raconteraient ce qu'ils ont puisé dans leurs livres, leurs journaux, leurs voyages

Croit-on que si les jeunes gens de chaque village avaient un lieu convenable de délassement approprié à leur âge et à leur condition, ils ne fuiraient pas bien vite le vice et la débauche ?

Un remède préventif n'est-il pas mille fois préférable à tous les réactifs, correctifs ou coercitifs ? Quelques-uns de ces cercles existent déjà, et l'on peut se rendre compte du bien qu'ils ont opéré. Les réunions y sont très-suivies, et l'on remarque parmi les membres les sentiments d'estime réciproque et le désir d'acquérir quelques lumières, quelques notions saines et justes sur le bien, le beau, l'utile et sur mille choses qu'il importe de connaître (2).

(1) M. L Hervé.

(2) *Gazette des campagnes.*

C'est dans le département de l'Ain, à Saint-Denis, près de Bourg, que s'est fondé le premier cercle agricole. Un intelligent instituteur, aidé de son curé et de quelques notables de l'endroit, a fondé un établissement de ce genre, qui est en pleine prospérité.

Dans le Calvados, une société analogue vient d'être créée, dont le but sera aussi de développer dans la jeunesse le goût des exercices qui donnent aux membres la vigueur, l'agilité, la souplesse. *Mens sana in corpore sano,* telle est sa devise. Instruire en se divertissant et propager les exercices du corps, telle est, au point de vue de la santé, des mœurs et de la bourse, le but que poursuit le cercle de Balleray, qui devrait trouver de nombreux imitateurs.

L'éducation et les mœurs des villes produisent peu de gens aptes à l'agriculture.

En dehors du *great attraction*, il y a encore une autre cause de l'émigration vers les villes, que je ne puis passer sous silence, et contre laquelle il n'importe pas moins de réagir; c'est la classe innombrable de ceux qui sollicitent des places dans l'administration civile. Dès 1854, un honorable agriculteur de Metz, M. A. Jaunez, disait : que l'administration était déjà dans l'impossibilité de satisfaire la centième partie des requêtes adressées à ce sujet.

Une place d'inspecteur de quoi que ce soit, fût-ce une place à 3 ou 400 francs d'appointements, lorsqu'elle vient à être vacante, est disputée par des solliciteurs. Il y a certainement là matière à réflexion, il ne faut qu'ouvrir les yeux pour apercevoir la cause de cet état de choses. Les hommes, à moins d'une vocation particulière, cherchent toujours de préférence à s'adonner à la carrière qui leur présentera le plus d'avantages, et où ils espèrent vivre avec le moins de peines et de risques possible. Qu'il grêle, qu'il pleuve, qu'il y ait une tempête qui casse les arbres et détruise les récoltes, celui qui a une place du gouvernement est certain de toucher ses appointements à la fin du mois, tandis que celui qui fait une mauvaise récolte est assuré qu'à la fin du mois il faudra payer le percepteur.

Que l'on s'occupe donc un peu plus de nos campagnes.

Le progrès industriel a beaucoup devancé le progrès agricole. Ces deux progrès auraient dû marcher de front; aussi, en est-il résulté l'absence ou la perte d'équilibre dont j'ai déjà parlé. Dans ses conférences, M. Gossin a parfaitement résumé la situation actuelle. La science appliquée aux machines, la vapeur, disait-il, la vapeur est devenue le géant Briarée, capable, avec ses cent bras, de tout oser, de tout entreprendre. Sur terre et sur eau, voyageurs et marchandises, ce géant les entraîne aussi vite que la flèche ! Que d'ingénieuses et nouvelles combinaisons mécaniques, depuis le métier Jacquart jusqu'à la machine à filer le lin ! Que de procédés chimiques nos pères ne soupçonnaient pas ! En quelques instants, le fil électrique, avec la vitesse de la pensée porte jusqu'au bout du monde notre parole écrite ! Rien n'étonne plus l'audace humaine ! Les vaisseaux traversent le désert de Suez, et les locomotives s'enfonçent à toute vapeur sous le mont Cenis ! !

L'agriculture a tiré de ce mouvement de grands avantages, car le débouché des produits du sol s'est étendu, le travail de la terre a été facilité par d'admirables inventions ; enfin, la science chimique a créé, par rapport aux engrais, tout un art que nos ancêtres ne soupçonnaient point.

Une des causes principales d'affaiblissement de la France, c'est le déplacement de sa force productive : l'agriculture est reléguée au troisième rang, tandis qu'elle devrait occuper la première place. Qu'est-ce que l'industrie française depuis une vingtaine d'années ? Tout ! car elle a la force que donne l'union, la puissance que donnent l'argent et le crédit, et la prépondérance que donne l'occupation de toutes les avenues qui aboutissent au pouvoir !

Qu'est-ce que l'agriculture chez nous aujourd'hui ? Rien,

parce qu'elle n'est point unie, groupée, mais isolée, tenue en tutelle et toujours sacrifiée.

Pour lui faire reprendre sa place, ai-je déjà dit, il faut nous réveiller, nous instruire et nous organiser; c'est de cette organisation qu'il me reste à parler.

Notre isolement a pour cause la multiplicité des voies de communication et les doctrines mal appliquées du libre-échange, qui est une véritable calamité pour le cultivateur. La situation faite à l'agriculture, en France, a toujours été exceptionnellement fâcheuse. Seule, parmi les branches de la richesse publique, elle a vu son engin de production, la terre, frappée de lourds impôts, et malgré cette injustice qui devait la préserver de toute nouvelle atteinte, seule encore, elle a eu à subir l'application des absurdes doctrines du libre-échange.

Dans l'industrie manufacturière, l'homme, qui était autrefois le principal, l'unique moteur, est remplacé presque partout par la vapeur. Au moteur animé on a substitué le moteur physique. L'homme sert encore utilement, mais pour diriger la force et non pour la fournir.

Notre véritable, notre grand moteur à nous, c'est la terre, a si justement démontré un économiste distingué (1), dans un style élégant, marqué au coin du bons sens, chose rare à notre époque. « La terre, dit-il, c'est la force vitale, la puissance générique qui créée et maintient les êtres animés. » Nous sommes sous ce rapport dans la position du marin, lui aussi est impuissant à faire naître ou à renforcer, mais ce qu'il peut et ce qu'il fait, c'est perfectionner le récepteur du vent, la voilure. Voilà ce que nous devons faire également.

Notre grand récepteur à nous, c'est la terre, vers laquelle convergent toutes les forces naturelles appliquées à la végétation, et qui résume en elle les deux autres facteurs : le climat et l'eau.

(1) M. Moll

Améliorer, transformer ce récepteur, c'est le seul, en même temps l'infaillible moyen de doubler, tripler, quadrupler même la puissance du grand moteur agricole.

La voie du salut pour l'agriculture se résume donc : en accroissement de production agricole par toutes sortes d'améliorations foncières, et dans l'emploi d'instruments perfectionnés, guidé par une bonne instruction et des capitaux suffisants.

Si, pendant la guerre de désastreuse mémoire, nos revers ont pu être attribués à la négligence ou à l'impéritie, on peut en dire autant de notre incapacité économique.

La cause de nos égarements et de nos erreurs en économie sociale, vient de ce qu'au lieu de fonder notre science des affaires sur les conditions naturelles de la vie rurale, nous prenons pour guides des maîtres qui la basent sur les conditions exceptionnelles et factices de la vie parisienne ou des grandes villes. L'école du faux et du dupe-échange, ainsi que l'a si justement appelé M. L. Hervé, a bâti sa théorie sur un peuple idéal, qui ne vivrait que de commerce et d'industrie et au milieu duquel l'agriculteur et le monde agricole ne seraient qu'un appoint à la population et à la production. Aussi, les conséquences du libre-échange deviennent de plus en plus onéreuses en présence de l'écrasante concurrence étrangère, qui doit même prochainement nous inonder de viandes fraîches, conservées par des procédés chimiques pour de longs transports. Importation nouvelle, qui découragera entièrement les éleveurs et notre production en viande, vers laquelle on se tournait depuis quelque temps, afin d'amortir le coup principalement porté à nos laines.

Les deux tiers du sol français, on le sait, ne peuvent nourrir que des moutons, et, dans une grande partie, c'est même la seule rente que l'on puisse en tirer.

Le colossal développement des troupeaux australiens, depuis vingt ans, tient non-seulement aux vastes pâturages de ces sols extrêmement fertiles, mais encore, nous dit aussi M. Moll, à l'entretien des moutons qui est insignifiant. Dans ces contrées, pas de construction ou d'entretien alimentaire, la tonte est à peu près la seule dépense, car le pâtre est payé en nature. Avec un cheval et quelques chiens, il peut garder jusqu'à *vingt milles têtes !*

L'entretien d'un mouton n'atteint pas un franc par an ; chez nous, il est en moyenne de 12 francs, et pour les mérinos à laine fine, analogue aux laines de ces contrées lointaines, ce prix varie de 25 à 30 francs

Un résumé des diverses statistiques nous apprend que le nombre des bêtes à laine est, *depuis vingt ans*, *doublé* au Cap, *triplé* à la Plata, *quadruplé* en Australie et *vingtuplé* à la Nouvelle-Zélande.

Voici un tableau très-instructif de l'augmentation du bétail en Australie, et remontant seulement à 10 ou 12 ans :

	ANNÉES.	ESPÈCE BOVINE.	ESPÈCE OVINE.
Australie...	1863	3,754,133	38,866,000
	1864	5,123,458	45,596,270
	1874	5,750,000	50,000,000
Nelle-Zélande	1867	312,885	8,418,580
	1873	494,113	11,094,865

La viande importée en Europe n'atteignait pas plus de 0f 20c le kilo. Ces chiffres, que l'on doit croire exacts, sont extraits du *Bulletin des Communes* (No 15, année 1875).

De ce qui précède, il résulte évidemment que laisser s'introduire les produits étrangers à nos dépens, sans les taxer, c'est commettre une injustice flagrante, incroyable, inexplicable, si ce n'est pas l'erreur où sont tombés nos légistes, et contre laquelle, à la veille du renouvellement de ces traités désastreux, on doit protester de toutes ses forces afin d'éclairer nos économistes chargés de légiférer à nouveau.

Si ce régime continuait encore, dans peu d'années, vingt millions de cultivateurs seraient obligés d'abandonner la culture des céréales.

Dans ses travaux d'économie politique et sociale, le bien regrettable et regretté docteur Guyot nous fait connaître que l'abandon du produit des douanes cause au Trésor une *perte de* 200 *millions par an !* Et dire que nos gouvernants ne trouvent rien pour équilibrer le budget, dont le passif augmente chaque année.

Et, dit encore le savant docteur Guyot, nos douanes devraient rendre aux charges publiques 600 millions pour trois milliards d'importations, et 800 millions pour quatre milliards.

L'Angleterre, qui n'a que vingt-neuf millions d'habitants, tire 600 millions de ses douanes ; les Etats-Unis, qui ne comptent que 31 millions d'habitants, leur font rendre 900 millions.

De tels chiffres se passent de commentaires, et devraient désillusionner nos faux économistes, nos dupe-échangistes. Opposons donc une digue à l'ignorance, et répétons une fois de plus que la régénération de la France doit être basée sur une instruction sagement donnée.

Au régime du libre-échange, le commerce et l'industrie ont fait des fortunes fabuleuses, tandis que l'agriculture périclitait. L'intérêt de la France, la justice, l'équité, demandent l'égalité devant l'impôt pour tous les produits, de quelque provenance qu'ils soient. Demandons à la douane des droits compensateurs frappant les produits étrangers de l'équivalent de ce que l'on fait payer à nos produits indigènes similaires. Ces droits rempliraient également nos caisses publiques, très-souvent vides.

Si l'on veut établir, ou plutôt si l'on veut mettre en parallèle les branches de la richesse publique, que voit-on ? le commerce, l'industrie et la finance réaliser des bénéfices incroyables, se chiffrant par de nombreux millionaires depuis vingt ans, accaparant les biens ruraux, non pour en tirer un intérêt, mais le plus souvent pour être convertis en plantations ou abandonnés comme chasse.

Partout, surtout dans les régions industrielles, les biens ruraux sont fortement dépréciés (1), les fermes sont affichées pendant de longs mois sans trouver preneur ; d'autre part, les ventes aux enchères témoignent de l'indifférence des acquéreurs, qui ne se présentent même plus pour acheter en détail ; mais le commerce, l'industrie, la finance passent et profitent de la situation malheureuse pour acquérir le tout.

O libre échange, voilà de tes coups ! ! ! tu as relégué l'agriculture au dernier rang ; tu as appelé à toi les bras valides, les capitaux et les intelligences, en faisant le vide dans nos campagnes, où il ne restera bientôt plus que des invalides du travail, incapables de diriger une machine quelconque, qui n'aurait pas dû venir remplacer les bras, mais bien comme *auxiliaire* de l'homme, en adoucissant, en facilitant ses durs labeurs.

L'agriculture n'est ni comprise dans la grandeur et la suprématie de son rôle, ni admise à son rang, ni estimée à sa valeur réelle. Aujourd'hui, l'agriculture, l'agriculture le premier des arts, la première des sciences et de toutes les industries, et qui est à la fois science, art et industrie, est surmenée, foulée et exploitée par les citadins, les industriels, les commerçants et les financiers, en un mot, par toutes les classes de la société qui lui sont étrangères et qui se permettent de la gourmander, de l'imposer et de l'épuiser sans droit et sans vergogne, comme si au lieu d'être leur mère, elle était leur vassale. L'agriculture doit être la base de la pyramide sociale ou l'assise de toute société.

L'agriculture est le premier élément de la prospérité d'un pays, parce qu'elle repose sur des principes immuables qui font sa force.

(1) Dans une commune du département de la Marne, il a été vendu *33 ares empouillées en seigle, avec la récolte entière* et dont *moitié de la parcelle était fumée,* pour 80 francs.

En présence de l'armée de la révolution, qui a tous les éléments de la suprématie, les agriculteurs devraient s'entendre pour opposer l'armée de l'ordre, beaucoup plus nombreuse. Les hommes de désordre ne sont guère que deux millions en France, qui en veulent à la propriété, représentée par six millions de propriétaires. Actuellement les ouvriers, comme les commerçants, puisent leur force dans l'association ; ils sont tous unis, se cotisent, forment des syndicats ; ils ont leurs caisses, leur presse, leurs avocats, ils savent s'entendre, se soutenir, se secourir d'un bout de la terre à l'autre.

Quelle différence entre les mœurs d'aujourd'hui et celles d'il y a 40 ou 50 ans ! Maintenant, l'agriculteur s'abaisse devant l'industriel, qui lui dicte ses lois et ses fantaisies ; il s'aplatit devant le commerçant et le supplie d'acheter ses produits. Autrefois, dit le regrettable docteur, que je suis heureux de citer encore (1), le propriétaire, plein de sa dignité et en véritable maître de ses produits, n'ouvrait ses greniers et ses granges qu'avec réserve et autorité ; alors, le commerce et l'industrie étaient justement subordonnés à la propriété.

Il en est de même à l'égard de l'ouvrier qui comprenait que, pour être propriétaire, il fallait avoir travaillé, épargné ; il demandait donc du travail à la propriété ; il l'accomplissait avec énergie, avec persévérance et avec conscience, et sa vie était dix fois plus heureuse qu'elle ne l'est aujourd'hui, car il avait un témoin et un juge respecté, et presque toujours équitable dans le propriétaire.

Il est donc de toute nécessité, propriétaires agriculteurs, d'organiser la ligue de l'ordre contre le désordre, de créer, de former des associations pour combattre par de bonnes paroles et de bons exemples ce redoutable fléau cosmopolite. Ces associations devront être basées sur le respect des lois

(1) Docteur Guyot.

et des intérêts légitimes, se reliant aux comices et étendant leur ascendant moral sur les populations, rapprochant les bons citoyens par des liens moraux et matériels, et par une concorde franche et naturelle.

Il y a longtemps que les commerçants et les industriels ont compris le bienfait de l'association. Ils se sont unis, ils ont obtenu le droit de faire connaître leurs vœux et de défendre leurs intérêts par l'organe de chambres consultatives *nommées par eux*. Parle-t-on d'un impôt nouveau qui pourrait les atteindre en épargnant l'agriculture, aux premiers cris d'alarme, leurs délégués sont à Paris, ils remplissent les antichambres des ministres, et font tant et si bien qu'ils font tomber la charge sur l'agriculture, toujours taillable et corvéable à merci, parce qu'elle sait se dévouer, se taire et rester isolée (1).

N'est-ce pas ce qui ce passe tous les jours sous nos yeux ? A-t-on oublié que l'impôt projeté sur le gaz a fini par frapper exclusivement les huiles végétales, indispensables, nécessaires ?

Pour que la régénération agricole, et partant française, soit entière et complète, il est urgent que l'agriculture ait sa représentation efficace, ayant pour base l'élément agricole, chargée de défendre ses intérêts dans les conseils du Gouvernement (2).

(1) M. Deuzy, maire d'Arras, lors du concours.

(2) Dans une circulaire récente, l'honorable ministre de l'agriculture, M. de Meaux, projeta la reconstitution des chambres d'agriculture, qui n'étaient guère consultées que pour des renseignements statistiques.

Electives en 1849, le gouvernement s'arrogea le droit de les nommer en 1852 par l'intermédiaire des Préfets. Pour que ces assemblées, des plus utiles, puissent conserver leur dignité et leur indépendance, il serait désirable qu'elles fussent de nouveau élues par les comices.

Unissons-nous donc pour faire entendre la voix de l'agriculture.

Demandons que 27 millions de cultivateurs aient leurs mandataires, leurs députés dans tous les conseils de la nation.

Ce ne sont point les hommes qui manquent à l'agriculture, c'est l'agriculture qui leur manque.

Pour ne point sortir de notre département, est-ce que les Ponsard, les Duguet, les Payart, les Chemery, et tant d'autres dont je voudrais pouvoir citer les noms, ne seraient point des plus aptes à défendre le grand parti agricole, le seul conservateur ? Puisse un avenir prochain voir se réaliser complètement la véritable représentation agricole ! Une autre réforme, je veux dire une nouvelle création non moins désirable, nous manque encore pour cette représentation de l'agriculture, dont elle serait le corollaire : ce serait de voir partout s'établir en France des conseils de prud'hommes aricoles. Que notre département donc, qui marche à la tête du progrès agricole, prenne, par l'intermédiaire de ses comices, l'initiative de ce nouveau progrès qui marquera dans les fastes de l'agriculture !

Leur but, ainsi que ceci existe pour le commerce et l'industrie, serait d'empêcher d'aller en justice de paix pour de simples difficultés. Ces conseils pourraient être nommés, ou du moins pourraient être composés de 3 à 5 membres élus dans chaque commune parmi les plus honnêtes et les plus conciliants. Les plaideurs de mauvaise foi ne se présenteraient point aussi aisément devant les juges de leurs localités, qu'ils n'auraient point l'espoir de tromper, que devant un juge de paix, devant lequel ils ont la ressource de témoignages complaisants. Il s'ensuit que l'on empêcherait de cette façon bon nombre de petits procès, et partant on diminuerait le nombre des plaideurs.

Dans certains cas délicats, où la science du droit est de rigueur, ces tribunaux de famille pourraient éprouver de l'embarras. Cela étant, ils ne rendraient point de sentence, ils se contenteraient d'émettre des avis, d'exprimer une opinion.

Au point de vue historique, disait dernièrement le vaillant directeur de la *Gazette des Campagnes*, on pourrait puiser des exemples dans la vieille Espagne qui a, encore aujourd'hui, des tribunaux de ce genre, connus sous le nom d'*aguadores*, composés d'anciens cultivateurs, qui, le dimanche matin, jugent à l'issue de la messe, sous le porche de l'église, les contestations sur l'usage des eaux d'irrigation dans la Huerta de Valence.

On pourrait aussi citer les tribunaux de la Mesta, qui jugeaient les différends entre bergers des troupeaux nomades de la vieille Castille et de l'Estramadure. Enfin, dans la république rurale d'Andorre, la justice, depuis six siècles, se rend de la même manière.

L'institution des prud'hommes agricoles est une necessité aussi incontestable pour les intérêts ruraux que les prud'hommes industriels. Après tout, est-ce que l'industrie agricole en France n'est pas la première et la plus importante de toutes les autres ? Est-ce que ce n'est point elle qui fournit les matières premières ?

Comme appui à l'urgence de la création de prud'hommes, je pourrais citer tel exemple d'un procès d'infraction par un fermier, entraînant la réalisation de son bail, procès qui a duré deux ans et demi et coûté 800 francs (1), tandis qu'il aurait pu être résolu en 15 jours et n'eût pas coûté 20 francs devant un conseil de prud'hommes.

En somme, c'est aux sociétés d'agriculture, aux comices agricoles qu'il appartient de susciter toutes les réformes dont je viens d'énumérer les plus nécessaires.

C'est, en un mot, par l'association des sociétés locales et départementales, vouées à la recherche de ce qui est immé-

(1) Arrêt de la cour de Rouen du 1er mars 1870.

diatement utile et immédiatement praticable, que l'on pourra combattre les lois et les doctrines anti-agricoles.

Provoquer, multiplier les concours, les expositions, les exhibitions agricoles de toute nature. « Nos fêtes de l'agriculture sont des réunions de famille, » disait avec autant de justesse que de sagesse l'honorable président du Comice, à Vertus, en 1874. Ne formons-nous pas, en effet, la famille la plus unie par les idées, par le travail et par les aspirations? Ne concourons-nous donc pas au même but par l'accroissement progressif de tous les produits du sol, auxquels, tous, nous donnons nos soins et devons nos succès.

Comme l'auteur de ces paroles, je crois que Dieu, dans sa puissante bonté, veut porter remède à nos maux, cicatriser nos plaies, et faire cesser toute inimitié. Cet accord, on ne peut le trouver et on ne le trouvera que sur le terrain neutre de l'agriculture, basé sur la morale et la religion.

Ecoutons aussi l'éminent président de la Société centrale d'agriculture, M. Chevreul : « Le bien matériel doit être intimement lié au bien moral, car on ne peut méconnaître dans la société la part de l'âme humaine, dont l'intervention hors du domaine des sens se révèle seulement à l'esprit par l'ordre que reçoit cette société et de la religion et des lois. Sans doute, les produits des expositions parlent aux sens, mais ils n'en parlent pas moins à l'esprit, car aucun d'eux n'émane du hasard : fruits de la pensée de l'homme, ils sont l'expression visible de son intelligence. En appliquant celle-ci à la production de ce qui est utile à tous, l'homme accomplit la mission providentielle que seul des êtres vivants il a reçue du Créateur, et, en l'accomplissant, il obéit encore à la loi du travail qui lui est imposée en naissant. »

Les expositions n'ont pas seulement l'avantage de rapprocher les hommes de toutes les conditions, en satisfaisant au besoin inné en eux de la sociabilité; elles ont encore celui d'exciter leur curiosité; et si elles excitent l'imagination, elles parlent aussi à leur raison, qui est alors l'intelligence règlée par un sens droit pour apprécier le beau, le bon, et en vouloir les conséquences.

Les comices agricoles ont donc un rôle bien important à remplir et bien plus sérieux que jamais. Le réveil agricole de notre département est une preuve pour moi que cette grande œuvre est commencée, et les heureuses conséquences s'en feront bientôt sentir dans le prochain concours international de moissonneuses et de faucheuses, par la combinaison ingénieuse permettant aux membres des comices de propager ces utiles engins à prix réduits. L'annexe d'une foire agricole de tous les instruments d'intérieur et d'extérieur de ferme, établie dans les mêmes conditions, procurera les mêmes bienfaits.

Dans un pays aussi essentiellement agricole que la France, on est surpris de ne point voir, parmi tant d'utiles institutions, une école supérieure de l'agriculture, ou plutôt une école de génie agricole. Nous avons une école polytechnique, une école centrale de génie industriel, etc.

L'Allemagne possède plus de trente grandes écoles agricoles, réparties sur tout son territoire, et où la jeunesse trouve à peu de frais un enseignement agricole dans des conditions qui l'invitent à reporter le fruit de son instruction au foyer paternel.

L'honorable M. Bouillet, dans un récent discours, disait qu'un grave tort en France, et en même temps un des malheurs de notre époque, c'était d'attendre et de solliciter des gouvernements les réformes et les améliorations de l'ordre social. La Belgique, notre voisine, a montré maintes fois, et sous les formes les plus variées, la puissance de l'initiative privée pratiquée par la voie de l'association.

Pourtant, en France, les éléments d'une institution supérieure de l'agriculture sont à l'œuvre dans deux établissements distincts ; il ne s'agit que de les réunir en un seul corps.

Ainsi, au Conservatoire des Arts et Métiers, nous avons :

1° le cours d'économie rurale de M. Moll; 2° le cours de chimie agricole de M. Boussingault; 3° le cours de mécanique agricole et de génie rural de M. Mangon. Il y avait aussi, jadis, le cours de zootechnie de M. Baudement, abandonné depuis sa mort.

Au Muséum, M. Decaisne professe un cours de physiologie végétale, ainsi que M. Duchartre; on y trouve, en outre, les cours de chimie agricole de M. Ville, de physique de M. Becquerel, de géologie et de minéralogie de M. Daubrée.

Disséminés aujourd'hui, les résultats de ces divers cours sont à peu près nuls, malgré le dévouement et l'intelligence de ces nombreux professeurs.

Leur voix, dit M. Hervé, se perd dans le désert, précisément à cause de cette dissémination et de la nature extra-agricole des établissements où ils sont annexées. Le jour où l'on distrairait les cours ci-dessus du Muséum et du Conservatoire, pour les réunir en faisceau unique, on formerait l'école supérieure centrale des sciences agricoles. Quand ce jour arrivera, on pourra prédire à ces éminents professeurs un auditoire nombreux, assidu, attentif, et qui mettrait à profit leur haut enseignement.

Ces lignes étaient écrites, lorsque j'appris que notre gouvernement, sur un remarquable rapport de M. le marquis de Dampierre, avait l'intention d'entrer dans cette voie du plus grand intérêt, en créant prochainement une école supérieure d'agriculture, sous le nom de *Faculté des sciences agricoles*. Cet institut comprend douze cours, dont la durée est fixée à deux années.

La rétribution est de 800 francs. Dix bourses sont accordées au concours. Les deux premiers élèves sortants pourront recevoir une mission d'études aux frais de l'Etat.

Cette mission durera trois ans. Une ferme expérimentale de 50 hectares sera affectée par l'Etat aux travaux pratiques, c'est-à-dire à l'application de la théorie.

Nul doute que la grande majorité de nos députés se montreront une fois de plus de véritables ruraux, en adoptant ce projet des plus utiles ! Espérons-le !

Henri IV n'a-t-il point fait la prospérité de la France pour avoir été un monarque rural ? Et c'est pour ne pas l'avoir été du tout, que ses successeurs ont préparé à leurs descendants et à la nation la période révolutionnaire qui met leur avenir et le nôtre en péril.

Pour conclure : livrons-nous avec confiance aux nobles travaux de l'agriculture. Ne cessons de tourner l'activité de nos campagnes vers les deux grandes sources du bien-être : la terre et le travail. Associons-nous aux espérances du docteur Guyot. Marchons sans crainte dans la voie de la justice, de la vérité et de la morale chrétienne. Nous sommes vingt-sept millions d'agriculteurs contre neuf millions de commerçants, d'industriels. Nous tenons dans nos mains le vivre et le couvert de tous, toutes les richesses vraies, tous les produits vitaux, contre lesquels s'échangent les valeurs de convention. Les ruraux ne peuvent souffrir sans que tout le monde souffre, ils ne peuvent succomber sans que tout le monde périsse.

VOYAGE

A TRAVERS

LE CONCOURS RÉGIONAL AGRICOLE

DE REIMS

TENU DU 27 MAI AU 6 JUIN 1876

Comprenant les départements des Ardennes, Aube, Marne, Haute-Marne, Meurthe-et-Moselle, Meuse et Vosges.

Délégué du Comice agricole de Châlons-sur-Marne au Concours régional de Reims, ma première pensée est un sentiment de reconnaissance, mon premier devoir et ma première parole un remerciement à mes honorables collègues, qui m'ont honoré de cette confiance imméritée.

Si la délicate mission qui m'est incombée dans cette circonstance est pour moi un lourd fardeau, à cause de mon inexpérience et de mon peu d'aptitude, j'y consacrerai toute ma bonne volonté; mais, en retour, je compte sur la bienveillance de mes savants collègues, pour relater les faits principaux du progrès agricole qui ont frappé mon attention et je fais appel à l'indulgence de tous.

C'est en touriste agricole que je vais essayer mon voyage à travers les mille merveilles de l'exposition de Reims.

Depuis l'ouverture du Concours régional, les wagons des chemins de fer sont littéralement assaillis, véritablement envahis et comme pris d'assaut par une foule qui augmente et se renouvelle chaque jour ! Je fus emporté à mon tour par cette force puissante, inconnue de nos pères, que l'homme captive, commande, conduit et dirige si facilement aujourd'hui, suivant sa volonté ; vous la connaissez : *la vapeur.* Aussi, un auteur (1) contemporain l'a t-il appelée avec raison « l'âme de l'industrie. »

Non content de remplacer nos moteurs primitifs, mais irréguliers en ce qu'ils étaient susceptibles de manquer, l'eau et le vent, la vapeur remédie à l'insuffisance de ces deux agents. N'a-t-elle point aussi rapproché les nations et créé de nouvelles relations entre les peuples qu'elle contribuera à civiliser ? Tantôt elle franchit les montagnes avec la facilité de l'oiseau, tantôt au contraire elle traverse leurs flancs avec la rapidité de la flèche, tantôt encore, en passant l'immensité des mers par la navigation à vapeur pour laquelle l'espace, la distance ne sont plus qu'une affaire de jours. Bref, j'aurai occasion de revenir sur cette intéressante matière durant mon excursion.

Après avoir longé la verdoyante vallée de la Vesle, et côtoyé les riches vignobles voisins, *l'eau et le feu*, ces deux ennemis d'hier, que l'on ne croyait destinés qu'à se combattre, et tout-à fait irréconciliables, ces deux éléments contraires, en un mot, sont là, unis, renfermés dans une locomotive dont la vapeur nous fait arriver à toute vitesse dans la planturcuse campagne de Reims et nous prouve, chemin faisant, que *l'union fait la force.*

Bientôt on aperçoit l'ancienne cité gauloise avec ses monuments antiques dont les tours ou les flèches se détachent sur le fond azuré du ciel, et rappellent tant d'émouvants souvenirs historiques !

Enfin nous arrivons ; la gare déborde de visiteurs, semblables à une marée vivante dont les flots, vivement agités par l'empressement de chacun, envahissent les diverses

(1) M. Delacroix.

parties du Concours établi à proximité, ce qui n'est point à dédaigner pour les nombreux voyageurs.

Ce qui frappe d'abord les yeux, c'est la statue de Colbert, ministre d'il y a deux siècles, qui semble saluer les hôtes qui arrivent dans sa ville natale et leur dire : *Moi aussi j'ai été administrateur d'une grande époque, où la France était florissante ; moi aussi j'ai aimé à récompenser le mérite et le talent.* La capitale de l'ancienne Gaule-Belgique est entièrement pavoisée, et l'admirable façade de l'hôtel de ville disparaît entièrement sous les drapeaux, auxquels se marie amicalement l'étendard belge (1) en signe de bonne confraternité.

L'emplacement des promenades était parfaitement choisi. Honneur donc à l'édilité rémoise, qui ne s'est arrêtée devant aucune dépense pour fêter dignement l'agriculture et les divers autres concours annexés représentant l'industrie, les sciences et les arts ! !

L'ouverture, ou du moins l'entrée du concours, n'a lieu qu'à neuf heures ; c'est un peu tard pour ceux qui, venus de loin, ont passé leur nuit à voyager. Au centre de la grande allée, on a construit une porte monumentale, et de chaque côté des stalles pour les animaux. A droite et à gauche, de nombreux mâts auxquels sont fixés les écussons des départements de la région agricole, le tout, surmonté de banderolles tricolores qui produisent le plus bel effet.

Beaucoup de personnes s'étonnaient de ne point voir la race hippique occuper le premier rang, attendu que le cheval, disait-on, était non-seulement le premier animal domestique, mais encore l'ami de l'homme, son compagnon de travail.

Je crois que le motif qui a fait agir ainsi les organisateurs,

(1) Ces drapeaux étaient placés pour fêter les sociétés musicales belges qui sont venues au Concours musical international, ainsi que huit sociétés de gymnastique qui ont toutes brillamment concouru à Reims.

c'est qu'un concours hippique est secondaire et un peu indépendant d'un concours régional; c'est, en un mot, une annexe qui n'a pas lieu dans toutes les régions. Quoi qu'il en soit, cette partie de l'exposition n'était pas la moins intéressante.

Chargé, en 1868, d'un compte-rendu (1) du concours régional d'alors, je vois, en m'y reportant, que la race bovine était représentée, à cette époque, par cent têtes de plus, soit 279 animaux. On doit, je crois, en chercher l'explication dans la séparation de la Haute-Saône, qui avait envoyé à Châlons 50 beaux sujets de la race fémeline, de beaucoup préférable à la charolaise, voire même aux vosgiennes. Sur 21 prix affectés aux femelles, 20 ont été remportés par la Haute-Saône. Je ne crois donc point avantageux le retranchement de ce département. A une réclamation des plus sérieuses, que j'ai eu l'honneur de faire dans ce sens, afin de conserver la pureté de cette race, il m'a été allégué que l'on pourrait toujours en acheter dans les pays originaires; mais on peut objecter que les *concours* ont été créés précisément en vue de l'importation et de la propagation des espèces, car là, il est beaucoup plus facile de comparer, d'apprécier utilement telle ou telle race, surtout en présence des lumières du jury qui doit faire loi, plutôt qu'en dehors d'un concours.

L'entrée des animaux étant interdite, à cause des opérations des commissions de la race chevaline, je ne veux point distraire la justice hippique. Comme le temps est précieux et mes moments comptés, je suis forcé de faire une diversion. Je laisse les produits, qui sont très-remarquables, j'y reviendrai; mais en attendant, je poursuis ma route vers les instruments.

Si les animaux ont diminué dans notre région, les instruments, par contre, ont augmenté dans une proportion

(1) Par M. L. Hervé, directeur de la *Gazette des Campagnes*, journal agricole par excellence.

énorme; plus de cent pour cent en plus : 1365 au lieu de 600 admis en 1868 !

A voir le nombre des locomobiles, leur bruit mugissant, leur mouvement tapotant et leur sifflet assourdissant, on pourrait se croire en Angleterre ou plutôt en pleine exposition de Philadelphie. Plus de 30 machines à vapeur, rien que pour l'industrie agricole, depuis la petite machine à un cheval et au-dessus, pour tous les besoins et toutes les bourses, tant verticales qu'horizontales ou fixes; il y en a pour tous les goûts; elles ne manquent point de coquetterie, si ce n'est même de luxe.

Me voici donc en plein domaine de la vapeur?

Que diraient ses inventeurs et ses promoteurs s'ils se trouvaient tout-à-coup en présence de cette belle exhibition?

Qu'en penseraient les Français Pascal, Sauvage, Jouffroy, Seguin?

Les Anglais Watt, Neuwcommen, Stephenson?

L'Italien Torricelli?

Le Suédois Ericson?

Et les Américains Ewant et Fulton?

Ne seraient-ils point surpris du progrès et de l'application génerale de cette force, de cette puissance auxquelles ils ont sacrifié leur vie?

S'ils pouvaient lire l'auteur spécial que j'ai cité, ils verraient que la vapeur est employée partont et pour tout : agriculture, industrie, commerce, arts, sciences, chacun l'emploie pour produire, transformer et transporter.

En effet, n'est-ce point la vapeur qui pétrit la farine qu'elle obtient? Elle écrase les graines qui donnent l'huile et les racines qui fournissent le sucre; elle fait la plus grande partie du travail dans les raffineries, les distilleries, les brasseries, les confiseries, les fabriques de bougies, de chocolat et de pâtes alimentaires. Elle fait mouvoir les scies destinées à découper les arbres qui entrent dans la construction de nos maisons; elle permet de partager les bois rares et précieux qui servent à recouvrir nos meubles ; elle divise et polit les marbres. Elle soulève le lourd marteau qui façonne les pièces de fonte si souvent employées dans la charpente, fait jouer les laminoirs entre lesquels le fer s'amincit et se découpe avec autant de facilité que nous découperions une feuille de papier. Elle met en mouvement les différents métiers grâce auxquels le lin, le chanvre, le coton, la laine se peignent, s'étirent en fils longs et souples, et se transforment en tissus qui servent à nous vêtir et à orner nos appartements. Elle met en pièces nos chiffons, pour être convertis en pâte sous le nom de papier, sur lequel elle imprime avec une rapidité étonnante nos journaux et nos livres. Et dans nos fermes? la vapeur ne remplace-t-elle pas avantageusement nos chevaux pour battre le grain, le moudre, ou seulement le concasser, couper les pailles, hacher les foins, diviser les racines?

Comme travail extérieur, elle commence à labourer nos champs, et, sous le nom de locomobile, elle traîne de lourds fardeaux et remorque des batteuses permettant le battage de nos meules sur place. Et encore, dans les travaux hydrauliques, elle procure, par son emploi dans l'épuisement, 50 p. 0/0 d'économie.

Sans son emploi, la production de toutes les denrées et de tous les objets en serait beaucoup plus chère. Aussi n'y a-t-il point eu de machines qui aient été autant visitées que les machines à vapeur, où l'on pouvait juger le chemin fait, le progrès accompli depuis peu d'années.

M. Guillemin, dans son ouvrage sur la vapeur, cite d'un auteur du siècle dernier les réflexions suivantes, que je suis heureux de citer ici. Comparant une locomotive à un animal : « La chaleur, dit-il, est le principe de son mouvement ; il se fait dans ses différents tuyaux une circulation comme celle du sang dans les veines, ayant des valvules qui s'ouvrent et se ferment à propos; elle se nourrit, elle évacue elle-même dans des temps réglés et tire de son travail tout ce qu'il lui faut pour subsister; elle va, vient, avance, recule et se meut avec une docilité sans pareille. Sa force musculaire est prodigieuse, et sa rapidité est pour ainsi dire celle des vents les plus impétueux. » Quels rapprochements en effet ; quelle coïncidence bizarre !

Le premier prix des machines fixes a été pour la maison Albaret, grand constructeur, dont l'importante usine est bien connue dans toute la France.

C'est M. Cumming, d'Orléans, qui a obtenu la médaille d'or pour ses locomobiles.

Les machines de MM. Gérard et Brouchot, quoique venant en second lieu, n'en sont pas moins dignes d'attention et très-recommandables.

Le programme était muet pour les machines à battre : il y avait seulement concours pour les manéges fixes et mobiles.

Dans la première de ces catégories, un constructeur émérite, M. Gautreau, de Dourdan (Seine-et-Oise), a facilement emporté la médaille d'or; les prix suivants ont été décernés à MM. Maréchaux, de la Meuse, Pesant, de Maubeuge, et Hatté, de Damery (Marne).

La deuxième catégorie est aussi vivement disputée : M. Gautreau obtient le second prix, et le jury décerne la médaille d'or à M. Henri, d'Abily (Indre-et-Loire). Du reste, trois premiers prix, obtenus en 1875, prouvent que le jury ne s'est point trompé.

Jusqu'alors on ne connaissait de la pomme de terre que la houe pour la culture, et l'arracheur pour la récolte. Or, un agriculteur distingué de Léonville (Loiret), vient d'inventer un semoir très-ingénieux pour les semer ou les planter. C'est M. Couteau, qui en a cédé la propriété dans nos contrées à M. Paul François. Mon honorable collègue, M. Benoît, frappé comme moi de cette innovation, donnera tous les détails que comporte son mécanisme. Je me bornerai à dire que cet instrument, parfaitement construit, est un peu lourd pour nos terres légères de Champagne; mais l'inventeur, qui a obtenu une médaille d'or à Orléans, et un rappel du même prix à Reims, se propose d'en construire un modèle plus léger et d'ajouter un second soc; l'économie de ce nouvel engin serait alors plus considérable. Un semoir manquait à la collection pour être complète; honneur à M. Couteau de l'avoir cherché et trouvé.

Tout y est combiné, calculé, régularisé avec soin, facile à conduire et pouvant ensemencer deux hectares par jour.

J'ai prononcé le nom de Paul François : je dirai donc qu'à Reims, comme dans tous les concours, son exhibition était complète.

Son digne émule, son actif successeur, M. Gourguillon, a remporté les premiers prix dans des concours spéciaux, entre autres une médaille d'or pour un rouleau plombeur, et une médaille d'argent pour ses brisemottes. Son hache-paille à grand travail a obtenu la plus grande récompense; il coupe 1,860 kilos à l'heure! c'est presque effrayant!

Je rappellerai que cette honorable maison a fait tous les sacrifices possibles pour importer les meilleures machines et les instruments les plus perfectionnés. On lui doit la propagation des faucheuses et des moissonneuses, aidée et soutenue en cela par le zèle de notre honorable président du Comice, M. Ponsard; exemple qui a été suivi depuis par quelques-uns de nos zélés collègues (1).

A Reims, 70 faucheuses et moissonneuses (2) et faucheuses moissonneuses étaient exposées et attendaient les acheteurs; il était curieux d'en voir un bon nombre mises en mouvement par des locomobiles et dont les transmissions étaient

(1) Notamment MM. Gillet père et fils.

(2) Une nouvelle moissonneuse à un cheval a été inventée par M. Charton, à Dampierre (de l'Aube) ; elle a remporté une médaille de Vermeil à Troyes l'an dernier. Elle se nomme la *Dériveuse*. Comme son nom l'indique, par sa disposition particulière, elle dispense du fauchage préalable à la main entre deux emblaves.

métalliques, système préférable à l'ancien. Tous les types étaient représentés, les faucheuses *Kirby, Johnson*, *Sprague*, *Peiragon, Hornsby* et la Wood; les moissonneuses *Burdick*, *Samuelson*, *Bawheler, Omnium*, *Walter, Wood* et *Johnston*, etc., etc. Je ne dois point oublier la machine *Lallier*, qui était encore la plus légère dans ses deux modèles exhibés. Un autre constructeur français, M. Hurtu, bien connu à cause de ses semoirs, avait amené sur le lieu du concours une faucheuse et une moissonneuse qui paraissaient bien fabriquées; mais il faudrait les voir à l'œuvre. Il est un point important à noter, c'est que ces machines nouvelles se vendent 200 fr. meilleur marché, ce qui est à considérer. Si la perfection du travail était en raison de la diminution du prix, M. Hurtu aurait bien mérité des cultivateurs.

En somme, chaque jour apporte un progrès marqué, et le génie de l'homme ne s'arrêtera point en si beau chemin.

J'ai dit plus haut que les machines à battre n'étaient point comprises dans le programme ; néanmoins, beaucoup de spécimens étaient très-intéressants. Bien que certains constructeurs champenois n'eussent point jugé à propos d'exhiber leurs systèmes qui, cependant, ont fait leurs preuves depuis longtemps, la Marne était dignement représentée. En tête, figurait avec honneur M. Hatté, de Damery, inventeur d'un aspirateur de poussière, breveté depuis longtemps. Malgré son prix relativement élevé, sa vente atteint le chiffre de 4,000 fr. depuis cinq ans.

L'importante maison Gautreau exposait à Reims trois types de batteuses, fort bien faites, où la fonte et le fer remplacent le bois. Cet habile fabricant s'est surtout attaché à se rendre depuis quelque temps utile à la petite culture ; il a donc construit de fort jolies machines à battre à un cheval, pour les petites exploitations, à un prix très-abordable. Ces batteuses ne nécessitent aucun frais de charpente et de premier établissement ; elles battent 60 gerbes à l'heure : la moyenne et la grande culture trouveront

5

chez lui dix modèles différents, fixe, locomobile ou à vapeur.

J'arrive aux machines à battre à bras. Je n'en dirai qu'un seul mot pour tous les systèmes : c'est que, malgré leur utilité, elles ne devraient jamais avoir l'homme pour moteur, car la manœuvre à bras d'homme en est plus pénible que le fléau. Ne vous semble-t-il pas voir l'esclave tournant la roue du moulin ? Au reste, les petits manéges ne coûtent point si cher.

La grande fabrique d'instruments agricoles de Walck-Virey, des Vosges, avait parmi ses nombreuses machines plusieurs batteuses à bras, au prix peu élevé, que je ne critique point; mais je ne saurais trop le répéter, en présence du bon marché des manéges, que l'on remplace donc l'homme par une bête de somme.

Après les batteuses, l'instrument obligé, indispensable, dans une ferme, et qui est l'auxiliaire de la machine à battre, c'est le hache-paille. J'ai parlé des grands systèmes, je dois citer encore parmi les instruments à bras, primés par ordre de mérite, ceux des maisons Albaret, Waite-Burnel, Walck-Virey et Peltier.

Je ne dois point oublier un fabricant français, qui construit depuis longtemps un système héliçoïdal, c'est M. Lebrun-Boudeau, de Saint-Jean-aux-Bois (Ardennes). Travail beaucoup plus facile. Prix variant, suivant les modèles, de 30 francs et au-dessus; système consacré par 40 récompenses.

Beaucoup de râteaux à cheval ; j'ai rencontré là le système Raussin, très-préconisé, et qui a figuré à Châlons l'an dernier, lors du concours des moissonneuses. A peu de distance, un système à deux leviers, l'un placé à l'arrière, l'autre à l'avant, permettant le fonctionnement au conducteur placé près des chevaux.

Il est fâcheux que les semoirs à poquets aient seuls concouru.

A voir le chiffre de *cinquante-deux* de ces instruments, on aurait pu croire à un concours spécial. Parmi eux, un certain nombre construits par des mécaniciens de la Champagne et même de la Marne, dont les travaux méritent certainement, si ce n'est des récompenses, au moins des encouragements.

Oui, il serait louable et patriotique d'honorer les travaux des Français.

Je citerai d'abord le semoir Maujean, de Cuperly, qui a fait ses preuves et mérité le 1er prix au concours expérimental de Vitry, il y a deux ans; l'année dernière, il a obtenu également une médaille d'argent ; sa réputation n'est donc plus à faire. Du reste, ce constructeur est outillé à même.

M. Cosset, de Saint-Hilaire-le-Grand, exhibait aussi un semoir de sa construction, qui présentait certains perfectionnements qu'il est bon et utile de faire connaître, entre autres le fond de la caisse qui est mobile, afin de permettre le nettoyage et le changement facile de semence; une simple pression avec le pouce ouvre instantanément toutes les soupapes à grains; mais, ce qui n'est point à dédaigner, ce qui au contraire était désiré depuis longtemps, c'est l'idée d'un levier afin d'amener la caisse sur les coussinets ou la replacer sur son appui sans le secours ou l'aide de personne. En somme, bon instrument.

Un semoir plus secondaire était exposé aussi par un jeune ouvrier de la Marne, M. Anatole Remy, de Saint-Hilaire-au-Temple.

Dire ce qu'il y avait là d'extirpateurs, de cultivateurs, de scarificateurs est presque impossible. Le 1er prix a été remporté par M. Henry, de la Somme, et le second par M. Philippon, de Bezannes (Marne).

Mais j'anticipe, j'aurais dû parler avant des instruments de labourage. A ce sujet, une grande lacune existait : les charrues simples ou doubles faisaient défaut, beaucoup de brabants, beaucoup de polysocs pour la grande culture. Parmi les rares charrues de Champagne, je trouve, sous le N° 281 une bissoc à âge mobile, faite par M. Cosset, précité : une disposition particulière permet en moins d'une minute la conversion d'une charrue double en simple, en amenant les deux fers dans une seule projection. Son système n'est pas d'aujourd'hui, car, en 1869, il figurait honorablement à Châlons-sur-Marne, lors du concours départemental et depuis l'expérience a consacré les qualités de cet instrument. Le même exposant, sous le N° 282, avait aussi une tourne-oreille non moins bien faite et ne datant pas non plus d'hier, car son numéro d'inscription porte 114, et je sais qu'elle est très-répandue.

M. Châtel, de Somme-Py, avait exhibé aussi une charrue d'une disposition particulière qui attirait l'attention des visiteurs.

Deux ou trois Ardennais, principalement M. Boitel, de Vouziers, tel est le petit nombre des modestes charrues des petites exploitations. Le lauréat des polysocs était la maison Waite-Burnell et Ce ; le second prix a été obtenu par M. Renaudin, des Ardennes ; le troisième, par M. Varnet-Vigreux, de Cauroy (Marne), et le quatrième par un constructeur des Ardennes, dont le nom n'est point inconnu, c'est M. Gabreau, de Saint-Etienne-sur-Arne, inventeur de la lieuse automatique à un cheval qu'un retard dans la construction de cette machine perfectionnée a empêché de venir à Reims, où un grand nombre d'amateurs étaient venus de très-loin pour voir cette nouveauté. En tout cas, M. Gabreau aurait toujours dû exposer sa lieuse primitive, expérimentée il y a deux mois sous les yeux de divers comices, et l'objet non-seulement de rapports favorables, mais encore d'encouragements mérités. M. Gabreau a manqué une belle occasion.

Dans les instruments spéciaux, une machine très-remarquable et nouvelle, je crois, pour nos contrées, c'est la blanchisseuse mécanique de l'osier; le pelage se fait très-habilement. En accordant une médaille d'or à l'inventeur, le jury s'est vraiment fait l'interprète de l'opinion publique. Cet ingénieux lauréat, c'est M. Boitel, de Vouziers (Ardennes).

Au milieu des pressoirs portatifs, on est sûr de rencontrer le beau pressoir de MM. Mabille frères, qui occupe toujours le premier rang, et qui à Reims encore a triomphé de 30 concurrents en remportant la première médaille; la seconde a été décernée à M. Samain, de Blois; la troisième à M. Lécuyer, de Fismes. M. H. Goulet, de Reims, a obtenu une mention honorable pour sa pressureuse à jet continu. Au moyen d'une pression progressive très-bien réglée, on obtient du jus de première ou deuxième serre (1).

Un rappel de médaille d'or confirme les récompenses antérieures de M. Decauville, et consacre le mérite de ses chemins de fer portatifs pour les grandes exploitations agricoles.

Le nombre des pompes était si considérable et leurs divers systèmes si variés qu'il ne m'a pas paru possible de les examiner tous attentivement. L'exposition comptait 98 numéros, dont 41 destinés à l'arrosage, 20 à purin, 4 d'épuisement et 33 à vin. Ce sont des engins qui ont été perfectionnés depuis 5 ou 6 ans, et dont les concours ont contribué largement à leur développement et à leur propagation. Il n'y a guère de ferme qui ne possède sa pompe aspirante et foulante, fixe ou mobile, prévenant souvent des incendies graves, en les étouffant ou les comprimant à leurs débuts et permettant en tous cas d'attendre des secours plus puissants.

Bien qu'aucune prime ne leur fût promise ou décernée, c'est-à-dire qu'elles ne concouraient point, elles n'en présentaient pas moins toutes un grand intérêt. M. Hirt, de Paris, n'avait pas moins de dix-huit numéros à lui seul. Je citerai

(1) Un autre fabricant, aussi très-recommandable, de pressoirs, c'est M. Constant, de Port-à-Binson (Marne).

aussi M. Dudon, de Soissons, dont la pompe à trois corps mérite d'être signalée. Beaucoup de ces instruments hydrauliques étaient à mouvements rotatifs; il semblerait au premier aspect qu'ils doivent être préférés au système à levier. L'impression du premier coup-d'œil passée, en examinant plus sérieusement, on observe ou on remarque comme travail et facilité qu'ils ne sont pas moins fatigants. Quant au résultat, la pompe à levier est préférable. En effet, il est facile de se convaincre que le jeu des pistons n'a lieu qu'une fois par rotation; or, pendant ce temps, on peut donner deux coups de levier et partant, on obtient plus d'eau ensuite. Les maisons Peltier, Noël, Thiébaut, de Paris, ainsi que les bons constructeurs Moret et Broquet, sans oublier l'hydraulicien Beaume, de Boulogne-sur-Seine, dont la charmante petite pompe la *Mignonne* occupe le premier rang. La *Mignonne*, j'y reviens encore, peut être parfaitement manœuvrée par une jeune fille, malgré sa projection à 15 mètres. Solidité, élégance, simplicité de système, démontage instantané, telles sont les qualités des pompes de cet exposant.

Dans les appareils vinaires, M. Noël a vu sa pompe à vin honorée d'une médaille d'argent.

Je dois aussi signaler la noria de M. Santerre, ayant déjà obtenu plus de vingt récompenses, et qui faisait bonne figure au milieu des engins hydrauliques.

Comme les pompes, les forges portatives agricoles se voient partout aujourd'hui. Leur nécessité et le zèle des constructeurs ont beaucoup contribué à les répandre. M. Enfer, de Paris, avait des spécimens non-seulement dignes de remarque, mais encore dignes d'éloges, dont les prix, très-abordables, variaient de 100 à 300 fr.

Voici les instruments de pesage non moins indispensables : le premier établissement de ce genre est sans contredit celui de M. Paupier, de Paris, dont les ponts à bascule et les bascules pour peser les animaux sont parfaitement ajustés.

Je citerai aussi les fabricants Bailly et Roche, qui ne construisent pas moins solidement.

Les fourneaux économiques de M. Fouché, de Saint-Maur-Popincour, pour la cuisson du lait, attiraient l'attention générale.

Les roues en fer de M. Champenois, de la Meuse, trouvaient beaucoup d'acheteurs, ce qui prouve en leur faveur.

Les brouettes de M. Guilton, de Corbeil, étaient très-recherchées; du reste, il y en avait de toutes formes et pour tous les usages et fort bien faites.

Le tonneau à purin de MM. Duvois frères a été primé.

M. Cayassus avait exhibé un échenilloir très-ingénieux.

Les bacs-abreuvoirs métalliques de M. Raboisson étaient encore le meilleur marché.

Espèce bovine.

Si la race bovine ne comptait que 180 têtes au concours de Reims, l'aspect de ces animaux était beau, sans grande amélioration cependant depuis 1868 : ils m'ont paru chargés de trop de graisse pour des reproducteurs. Vu leur état d'embonpoint, on aurait pu se croire au milieu du concours général de Paris. On s'éloigne un peu des règles de l'amélioration des races, qui sont la sélection, la consanguinité, l'étude des influences de la race, la qualité et la beauté des reproducteurs.

Le durham, que je rencontre d'abord, qui est le roi de l'exposition bovine, était bien représenté si ce n'est quant au nombre, au moins quant à sa valeur; originaire de l'Angleterre, si le durham rapporte beaucoup, son entretien aussi est très-coûteux : une des preuves à l'appui, c'est qu'on ne les voit jamais appartenir qu'aux grands propriétaires, attendu qu'ils sont à même de faire tous les sacrifices possibles.

Dans les trois premières sections on trouve 10 sujets mâles et 19 femelles; en général, ils étaient tous remarquables pour leur belle conformation. M. G. Huot, de l'Aube, obtient une médaille d'or pour le N° 3 : Juliano, de 11 mois. M. de Montmort, la médaille d'argent pour Ivann (rouge et blanc).

Parmi les animaux de la deuxième section, ayant moins de deux ans, c'est M. Lamy, de la Meurthe, qui est le premier lauréat, M. Huot ne vient que second. M. Huot triomphe de nouveau dans la troisième section, car il voit couronner son Pépino, rouan et blanc, n'ayant que 33 mois.

Les génisses de la première section laissent encore le 1er prix à M. Huot, et le 2e à M. Lamiable, de Meurthe-et-Moselle.

M. Huot est véritablement heureux, car ses génisses de la deuxième section enlèvent une fois de plus la médaille d'or, et M. Lamiable la médaille d'argent.

Pourtant la troisième section des femelles a pour lauréat M. Namur, pour sa superbe « reine des Ardennes, » de 27 mois.

Dans les vaches au-dessus de trois ans, M. Huot emporte encore le 1er prix pour une vache rouanne qui n'a pas encore ses quatre ans. Cet infatigable éleveur peut se reposer à l'ombre de ses lauriers.

Voici maintenant les croisements. L'expérience des concours en dit assez pour reconnaître la préférence des croisements Durham aux races pures dans nos régions; mais il ne faut point en abuser, et encore il leur faut une alimentation abondante. Si le nombre des mâles était trop petit, en revanche les 16 femelles étaient très-remarquées. En 1868, il y en avait 40 têtes. C'est avec les hollandaises que les croisements donnent les meilleurs résultats ; aussi c'est dans ces conditions que M. Lamiable a remporté trois premiers prix et un second ; la Marne n'a eu que des prix secondaires. M. Namur a obtenu pour le N° 32 un premier prix et un second pour une durham hollandaise blanche.

Contrairement au concours de Châlons, c'est surtout dans la troisième catégorie que le vide est apparent. Dans les sept sections comprenant les croisements divers, un *seul* exposant, *M. Lamiable,* dont la charolaise blanche de 24 mois était méritante, puisque sans concurrents, qui faisaient tous défaut, elle a eu le 1er prix. M. Huot, auquel est décerné le prix d'ensemble, l'a bien gardé, car non-seulement il est inscrit sous huit numéros, mais encore il avait au concours des animaux d'élite. C'est dans la catégorie que je viens d'examiner qu'aurait dû trouver place la fémeline dont j'ai parlé au début. Je n'ajouterai plus qu'un mot à l'égard de cette race : c'est que, depuis 15 ans, le Conseil général de la Haute-Saône vote des encouragements en faveur de l'élevage des fémelins, appelés les *durham de l'Est.*

Les races laitières françaises étaient bien représentées : 28 animaux réellement de choix. Le premier prix est mérité par M. Broquet, pour son taureau de 20 mois ; il y a, dans cette catégorie, progrès dans la conformation, aptitude marquée à l'engraissement et à la production du lait.

Je vois avec plaisir la Marne se relever, car M. Blanchard, de Bignicourt, obtient le premier prix des mâles de la deuxième section et M. Lhotelain le second. M. de Montmort voit sa génisse de 12 mois enlever la médaille d'or.

Dans la deuxième section, c'est M. Lamiable, qui se voit récompensé le premier pour une bête de 27 mois, dont les qualités lactifères sont bien marquées. Pour les vaches, M. Guénon-Gautherot, de Troyes, qui a déjà vu son N° 52 primé à Troyes l'an dernier, obtient le premier prix sur ses concurrents. Le système Guénon est très-développé chez cette normande.

La sous-catégorie des vosgiennes s'est vu disputer les prix sérieux par les exposants indigènes. Ce sont, par ordre : MM. Broquet, Fery, Blaise, Michel et Ravel. Les *vosgiennes,* comme les bretonnes, s'entretiennent facilement et se contentent de peu. En dehors du département d'où elles sont originaires et des circonvoisins, elles ne s'exportent guère ailleurs.

Dans les autres sous-catégories autres que celles que je viens de citer, on rencontre 24 animaux divers. M. Ballot, de Taissy, s'est vu décerner le 1er prix pour un cotentin noir de 22 mois, qui est un très-beau type. Au-dessus de cet âge, c'est M. Cuif, de Rethel, qui se voit attribuer le 1er prix.

Dans les femelles, M. Dupont est le premier lauréat pour une Montbéliard rouge et blanche, race issue de Cotentin et de Bernois ; la cotentine de M. Ballot vient après. Une légère nuance du reste les sépare, et il faut parfois que le jury soit bien habile pour les distinguer.

Une belle comtoise (1) rouge que le catalogue déclare âgée de 2 ans 1/2, et appartenant à MM. Lagèze et Nouvion, de Bétheniville (Marne), emporte facilement le 1er prix de sa section. La lorraine rouge de M. André, le 2e. Vient la troisième section : c'est M. Guénon-Gautherot qui a le dessus pour une belle mancelle rouge de cinq ans, et M. Lhotelain le second pour une superbe ardennaise noire et blanche. On rencontre aujourd'hui peu d'ardennaises pures ; on l'a très-avantageusement croisée avec des hollandaises, très-répandues aussi en Champagne.

Une race très-utile manque dans cette catégorie : c'est la race bretonne, la plus petite, il est vrai, mais aussi la plus rustique. Un seul sujet figurait comme perdu au milieu de ses congénères. Aux fermes du Camp de Châlons, où le pâturage était préférable aux pâturages bretons, cette race avait réellement gagné en taille ; elle était véritablement devenue un peu plus grosse. Ses produits ont une qualité supérieure incontestable ; il en est de même de sa viande,

(1) La comtoise est inférieure à la fémeline ; elle a été battue par cette dernière au dernier concours de Poissy.

qui est très-fine et très-succulente. C'est la race la plus répandue : *un million et demi de têtes aujourd'hui*. Partout, maintenant, elle tend à remplacer la race caprine ; elle ne coûte pas plus cher d'entretien, car les bretonnes mangent ce que les chèvres gaspillent. C'est, en un mot, la vache du petit ménage.

Les grandes races suisses comprenaient seulement 12 animaux exposés ; il y en avait de très-intéressants et ne manquant point des qualités qui font la bonne laitière.

Leurs croisements avec nos grosses races étrangères n'ont jamais satisfait ceux qui s'y sont adonnés ; avec la race normande, je crois, on a mieux réussi ; mais il y a encore beaucoup d'hésitation chez les éleveurs, à cause des imperfections, et finalement à cause d'une dégénérescence marquée dans un laps de temps assez court. Il faut donc agir avec prudence.

Le jeune fribourgeois, brun, de 21 mois, appartenant à M. George, de Mirecourt, a facilement enlevé la palme, ou plutôt le prix unique, ainsi que la jolie bernoise, rouge, de deux ans et demi, du même propriétaire. La bernoise rouge de M. Dupont, de l'Aube, emporte à son tour une médaille d'or dans la troisième section.

Je m'empresse de réparer un oubli : il est toujours temps de bien faire. Le fribourgeois brun et blanc, de 25 mois, de M. Tilloy, de La Chapelle, a gagné aussi le prix unique de la deuxième section.

Parmi les races de moyenne taille, M. Tilloy, qui a une belle réputation dans la contrée, voit sa vacherie spéciale récompensée de nouveau par un premier prix accordé au N° 115, c'est-à-dire à un schwitz brun, né chez lui. A peu près dans les mêmes conditions, M. Drouot, de l'Aube, se voit décerner le 2e.

Dans la deuxième section, un habile éleveur de la Marne, M. Herment, de Jussecourt-Minecourt, gagne à son tour le 1er prix, laissant le 2e prix à M. Chémery, de Moiremont, pour un animal analogue, et presqu'aussi bien fait que son concurrent. M. Chémery avait déjà reçu un troisième prix pour un croisement Durham, Avec le temps, M. Chémery fils arrivera bientôt au premier rang, guidé par les conseils, les avis et les exemples de son digne père, dont le nom est un honneur pour le département (1).

Dans les trois sections de femelles, les premières primes sont vivement disputées entre MM. André, Herment, Drouot et Chémery.

Me voici arrivé à la dernière sous-catégorie, comportant les races de plaine, soit les hollandaises et analogues. Je retrouve au dernier moment les lauréats de la première heure, MM. Broquet, Namur, Martin, qui obtiennent les premières récompenses pour des sujets enviés de beaucoup d'amateurs. M. Loumaye vient en 2e prix. C'est une des races qui se propagent beaucoup depuis quelques années ; elle se plaît partout en plaine.

Le prix d'ensemble pour le meilleur lot a été décerné à M. Namur-Florentin, de Coucy (Ardennes).

L'espèce ovine a diminué partout, même au concours régional. On est véritablement surpris de rencontrer si peu d'exposants dans cette catégorie, surtout en Champagne, où le sol est spécial au pacage, à l'élevage et à la nourriture du mouton. Si je me reporte en 1861, je trouve une différence en moins de moitié dans le nombre des animaux exposés cette année : 170 au lieu de 359, et plus d'un cent de moins, comparé au concours de 1868.

La raison de cette indifférence consiste, je crois, dans la crainte de déceptions. On ne veut point essayer de lutter contre les habitués de premier ordre dans les concours, que l'on considère comme maîtres ès-arts.

Dans la première catégorie, c'est-à-dire dans les béliers âgés de moins de 18 mois, la médaille d'or a été décernée à

(1) M. Chémery père, chacun se le rappelle, était le lauréat de la prime d'honneur, en 1861, dans la Marne.

un Ardennais, M. Lanaye, pour son métis-mérinos. M. Maître, de Saint-Souplet, qui, pendant longtemps, a battu ses concurrents, même ses émules de la Côte-d'Or, qui nous a été retirée, n'obtient que la médaille d'argent. Une médaille de bronze, pour son bélier d'un an, a été gagnée par M. Hainguerlot, d'Alaincourt (Ardennes).

Dans les femelles, M. Maître ne vient encore que second, car le premier prix est accordé à M. Chevalier, de Braux-Sainte-Cohière (Marne).

La lutte devient vive entre les Ardennes et la Marne, comme on va le voir ensuite. En effet, M. Lanaye emporte encore le 1er prix de la deuxième section ; M. Chevalier enlève le second et M. Battelier, de Humbeauville (Marne), le troisième. Je citerai encore, comme types remarquables, les spécimens des troupeaux de M. Varin d'Epensival, et de M. Drouet-Fleurizelle, de Maffrécourt (tous deux de la Marne).

Les plus belles femelles de cette section appartiennent à M. Chevalier, les secondes à M. Varin, et les troisièmes à M. Maître. Je ne dois point oublier le lot non moins remarquable de M. Thiéry, de Somme-Bionne.

Les races étrangères prennent peu dans la Marne et on sera peut-être obligé d'y revenir au croisement, si le prix de la laine continue de s'avilir.

Les Ardennes, l'Aube et le Loiret comptent les lauréats dans leurs rangs; je crois même qu'il n'y avait dans cette catégorie aucun exposant de la Marne. Premier prix de béliers à M. Nouette-Delorme; 2e à M. Dupont. Pour les brebis, 1er prix, M. Fagot.

La troisième catégorie présente une lacune. Pas d'exposant dans les races françaises diverses.

Dans la quatrième catégorie (croisements divers), je retrouve encore M. Huot, dont la vacherie et la bergerie peuvent être citées comme modèles (surtout après ses victoires de Reims), auquel le jury décerne une médaille d'or pour un anglo-mérinos mauchamps M. Namur revient second et M. Fagot troisième, pour leurs mâles. Pour les femelles, mêmes récompenses que pour les béliers : M. Huot, médaille d'or, M. Namur, médaille d'argent, et M. Fagot, médaille de bronze.

Néanmoins, dans le prix d'ensemble, l'honneur est pour la Marne. M. Maître se relève, triomphe, en obtenant l'objet d'art pour exposant sous six numéros méritants.

Espèce porcine.

La troisième classe de l'espèce porcine touche aux moutons ; je vais donc les examiner succinctement, craignant d'être déjà trop long.

Point d'animaux mâles présentés dans la première catégorie : races indigènes pures. Parmi les femelles, une meusienne de 18 mois, exposée par M. Broquet, et une belle normande blanche de 20 mois, appartenant à M. Guérault-Godart, de Fère-Champenoise, constituent cette exhibition. Ce dernier, dont j'aurai occasion de parler quand j'arriverai aux produits, obtient la médaille d'or tout en reconnaissant le mérite de la première, qui obtient le second prix.

La deuxième catégorie était plus nombreuse : elle comprenait, il est vrai, les races étrangères et leurs croisements. qui se sont propagés davantage à cause de la facilité d'engraissement. On y comptait 10 mâles et 13 femelles. C'est un superbe yorkshire à M. de Montmort, qui enlève le 1er prix, le 2e, M. de Breuil, le 3e M. Broquet, et le 4e M. Guérault.

Mais, dans les femelles, les rôles changent, ou plutôt l'ordre de mérite se renverse, et M. Guérault-Godart emporte la médaille d'or, M. de Montmort la médaille d'argent, M. Broquet, la médaille de bronze, et un 4e prix à M. de Breuil. Prix supplémentaire à M. Paillart (de la Somme).

Une dernière catégorie comportait encore les croisements divers entre races étrangères et races françaises. M. Guillot, de Saint-Amand (Marne), voit son yorkshire-normand blanc enlever le 1er prix, le 2e est attribué à M. de Montmort.

Dans les femelles, M. Guillot obtient encore la médaille d'or, et c'est l'anglaise-normande de M. Massonnet, de Reims, qui a obtenu la médaille d'argent. Le prix d'ensemble revient à M. le marquis de Montmort.

Volailles.

La quatrième classe s'applique à une catégorie, sinon plus modeste, du moins aussi utile : ce sont les animaux de basse-cour.

L'exposition de la volaille a progressé sur 1861 et 1868 : 359 numéros, tel est le nombre des exposés. Assurément, ce n'était pas l'exhibition la moins visitée ; c'était l'attraction des familles. Combien on s'extasiait devant les admirables plumages des gallinacés, qui sont la parure du jour et qui sont l'objet d'une industrie considérable pour ce motif.

La poule est productive sous tous les rapports : par ses œufs, sa viande, sa plume et son engrais, qui est très-riche en matières fertilisantes !

Combien de grains aussi seraient perdus dans les cours des fermes, dans les fumiers, et qui forment une bonne partie de la nourriture de la volaille ?

On trouve dans la première section les crève-cœur, originaires du Calvados ; elles n'ont point la réputation de bonnes couveuses, mais aptes à pousser de la chair à l'engraissement. On pourrait presque dire que c'est le durham de la basse-cour ; du reste, très-recherché en Normandie.

Les plus belles variétés étaient certainement celles de M. Croizet, d'Amiens, qui ont obtenu le 1er prix ; le 2e a été pour Mme Paillart, de la Somme.

La race de Bresse, dans la seconde section, n'est pas moins renommée à cause de ses poulardes, et présentait aussi des sujets remarquables, quoique moins nombreux comme lots que la précédente.

M. Croizet est encore premier lauréat, et M. Guillot, de la Marne, deuxième.

C'est la race de Houdan qui vient après : bonne pondeuse, excellente couveuse, élevage des poussins très-facile, trois qualités qui la font rechercher. 1er prix, M. de Sachs, de Breuil-sur-Vesle, 2e M. Guillot.

La quatrième section comprend les races françaises diverses. Malgré les treize lots exposés, j'ai été surpris de ne point rencontrer en plus grand nombre notre ancien type exclusivement français, avec son superbe coq gaulois, emblême de la vigilance et de l'activité ; il a, si je puis m'exprimer de la sorte, il a, dis-je, davantage l'instinct de famille, et sait se priver pour ses compagnes. Par sa rusticité, cette race mérite d'être conservée dans toute sa pureté. Je sais que des comices font des efforts en ce sens. La qualité de sa chair, qui n'est point sujette à un engraissement extraordinaire, est bien supérieure à celle des autres variétés. Elle possède toutes les qualités qui doivent faire tendre à ne point abandonner son élevage, surtout en Champagne, où elle excelle. J'ajouterai cependant que le manque de surveillance des croisements anglais est une cause de dégénérescence qu'il faut éviter.

C'est la bonne race de la Flèche qui obtient l'honneur du 1er prix, décerné à M. Guillot pour son N° 337. Les poules argentées de la Picardie, exposées par M. Croizet, obtiennent le 2e. M. Namur voit ses La Flèche noires emporter le 3e, et M. de Sachs le dernier.

Dans la dernière section : races étrangères diverses, M. Croizet voit primer ses dorking ; Mme de Breuil, ses cochinchinois, et M. Guillot, ses padoue cendrées.

Le même lauréat reçoit le 1er prix pour ses beaux dindons blancs, et M. Croizet le 2e. Les grosses oies de Toulouse, de ce dernier, obtiennent le 1er prix, et le second revient à M. Guillot pour ses sujets blancs, exposés sous le N° 375.

Les canards de Rouen, de M. Croizet, enlèvent le 1er prix

des neuf lots de canards, et ceux de Mme Paillart le second.

Les pintades et pigeons ne formaient qu'une seule catégorie de 74 lots des plus variés : 1er prix à M. Guillot pour ses belles pintades grises, N° 388 ; 2e, M. Germiny à Reims, pour ses pigeons boulants ; 3e, M. Croizet, pour ses pigeons romains fauves.

Dans la sixième catégorie, le lapin russe (femelle), de M. Guillot, gagne le 1er prix ; Mme Paillart, le 2e pour ses léporides, qui commencent à se propager beaucoup. C'est, comme on le sait, le produit du lapin et du lièvre.

Dans les dix-huit lots formant cette dernière catégorie, il y avait encore des sujets excessivement méritants : tels sont les lapins silésiens, noirs et blancs, et les lapins-béliers, noirs et gris. Le prix d'ensemble a été mérité par M. Guillot.

Produits agricoles.

Tout en rendant hommage au génie de l'homme et à sa marche ascendante, j'arrive en face des produits agricoles, qui ne sont point à dédaigner, mais qui au contraire attirent l'attention générale.

L'exposition qui frappe d'abord d'admiration le visiteur, c'est incontestablement celle du pensionnat des Frères de Reims. Magnifique collection artistement rangée et symétriquement placée, ce qui en fait ressortir le mérite.

Ce bel établissement modèle possède un vaste terrain, où les théories agricoles sont démontrées pratiquement. Il ne faut donc point s'étonner de trouver là plus de 250 variétés de blés, rappelant à l'homme que l'agriculture est la nourricière du genre humain ; en un mot, que la terre seule produit les aliments nécessaires à la vie. Cette exposition de *froment*, à propos d'une fête agricole, qui est la fête de la paix par excellence, me rappelle aussi ces paroles, qui sont bien de circonstance : *Qui posuit fines tuos det panem et adipe frumenti satiat te.* (David.)

6

De très-nombreuses variétés de pommes de terre, d'énormes betteraves, les meilleures espèces de pois et de haricots, les maïs et sorgho, les plus rustiques plantes fourragères, potagères, oléagineuses, officinales, tinctoriales, textiles et économiques faisaient le great-attraction de ce concours, et sont l'objet d'études raisonnées les plus sérieuses et les plus approfondies.

Les nombreuses stations de la foule devant cette exposition prouvaient que le public ratifiait les décisions du jury, qui avait accordé au digne Frère Bajulien (1), directeur, secondé par le frère Arnould, une médaille d'or bien méritée.

Beaucoup de personnes s'étonnaient de rencontrer des jeunes gens de 15 à 18 ans, prenant des notes, étudiant le concours avec attention, et portant à leur coiffure une *charrue* ; c'était les élèves de l'Institut agricole de Beauvais, établissement secondaire dirigé par le Frère Eugène-Marie (2), qui a écrit des rapports très-savants, avec une compétence exceptionnelle, publiés dans les journaux de Reims.

Une exhibition des plus remarquables et des plus remarquées, vu sa rareté et son utilité, c'est celle de l'honorable M. Lescuyer, de Saint-Dizier (Haute-Marne). Ce savant exposant avait amené sa collection scientifique, digne d'un vrai naturaliste, relative aux mœurs des oiseaux.

Grand spécialiste en cette matière, travailleur infatigable, auteur d'une grande érudition, M. Lescuyer a publié quatre ouvrages (3) des plus intéressants, qui dénotent chez lui des connaissances hors ligne ; il s'est livré à des

(1) Digne successeur du Frère Bernardin.

(2) Cet habile directeur est originaire de l'arrondissement de Sainte-Menehould ; il est donc notre compatriote.

(3) *Les oiseaux dans les harmonies de la nature. — Architecture des nids. Dénichage. Oiseaux sédentaires.* Ce dernier ouvrage encouragé par M. le Ministre de l'agriculture. — *Oiseaux de passage et tendues — La Héronnière d'Ecury et le Héron gris.*

travaux, à des recherches des plus minutieuses sur les mœurs des oiseaux, sur leur conservation, leur destruction et leur utilité en agriculture. Une médaille d'or a été le couronnement de ses titres acquis antérieurement. Il a donc fait un cours d'ornithologie complet, démontré scientifiquement et naturellement. On lit et relit ses livres avec un plaisir toujours nouveau, toujours attrayant, toujours utile. Personnellement, je suis heureux de joindre mon faible témoignage de reconnaissance à tant d'autres, et mes félicitations les plus sincères à cet exposant de mérite.

La station séricicole de Châlons fait de plus en plus de progrès, ainsi que le prouve une médaille d'or accordée à son actif directeur, M. Nagel.

Qui n'a entendu parler de la maison Duval, dans la Meuse, l'une des plus importantes fromageries de France, dont le propriétaire, M. A. Bailleux, qui vient de la vendre 400,000 fr. à des Trappistes, et qui a obtenu parmi ses nombreux prix une récompense nationale, la croix de la Légion-d'Honneur, a laissé des émules.

Parmi eux figure un de ses élèves, certainement digne de lui : c'est M. Guérault-Godart, de Fère-Champenoise, qui a voulu marcher sur ses traces et réussit parfaitement. Créé en 1871, ce nouvel établissement, à son début, a été couronné d'un plein succès, suivi de nombreux encouragements. La maison Guérault transforme actuellement cinq mille litres de lait en fromages qui ont une réputaton digne de leurs qualités, et qui obtiennent partout les premiers prix.

Le jury de Reims a également apprécié la valeur de cette fromagerie, en accordant à M. Guérault une médaille d'or. Cette nouvelle industrie a augmenté en outre dans la région le nombre des vaches laitières, et, partant, la quantité d'engrais nécessaires aux terres de Champagne, qui en ont toujours besoin.

Leurs concurrents des Ardennes, de la Brie et même des Vosges, n'ont vu leurs produits venir qu'en second ordre.

Parmi les belles toisons, les métis-mérinos de M. Battelier, propriétaire à Humbeauville (Marne), ont enlevé le 1er prix, Viennent ensuite celles de M. Chevalier, de Braux-Sainte-Cohière, qui ne sont pas moins méritantes. M. Lhotelain, de Reims, qui avait reçu une médaille de bronze pour ses semences, a obtenu le même prix pour ses laines. Les Ardennes et l'Aube ont eu les honneurs des croisements anglais. M. Fagot, à Mazerny, s'est vu attribuer la médaille d'or pour ses dishley-mérinos, et M. G. Huot, de Saint-Julien, une médaille d'argent pour ses anglo-mérinos mauchamps. MM. Lanaye-Hainguerlot et Ubiche, éleveurs également en renom, ont vu aussi leurs laines mentionnées honorablement.

Chaque médaille a son revers, tout le monde le sait, les exposants en laine surtout actuellement, par la situation qui est faite à l'agriculture par la fabrique, et plus encore par les traités de commerce de 1860.

On a beau encourager l'élevage des mérinos et la production des laines fines, si, d'autre part, l'industrie et le commerce les découragent par l'avilissement des prix. A peine, aujourd'hui, trouve-t-on acheteur à 25 p. 0/0 de baisse. Quels sont les motifs allégués? ils sont deux principaux : abondance des laines étrangères et stock considérable de tissus fabriqués, auxquels on ajoute l'augmentation de la main-d'œuvre.

Quelques développements me sont indispensables.

Quatre cent mille balles de laines australiennes sont annoncées aux ventes de Londres, sans compter les places d'Anvers et du Hâvre, qui en sont également encombrées. Triste conséquence, comme je l'ai dit, des traités, dont on ne doit cesser de demander la révision, afin d'obtenir de nos gouvernants et de nos légistes le *juste échange* et non le libre échange, car, tel qu'il est pratiqué, c'est bien le *dupe échange* dont l'agriculture est la victime.

N'est-il point de toute justice, en effet, de faire payer

aux producteurs étrangers les mêmes droits, et de leur faire supporter les mêmes charges qu'à nos nationaux? sinon, c'est protéger l'étranger à nos dépens. Or, l'industrie et le commerce, qui transforment et distribuent ce que l'agriculture crée ou produit, semblent aujourd'hui se donner la main pour cimenter l'alliance féconde du travail rural et du travail industriel, source de prospérité nationale; mais ces branches secondaires de la richesse publique ne restent point dans leurs rôles de sœurs cadettes; la force des choses et les conséquences des faits accomplis les obligent, non-seulement à délaisser leur aînée, mais encore à lui imposer leurs lois, à lui commander.

Quelle est, en second lieu, la cause de la grande quantité de marchandises fabriquées? la multiplicité des fabriques. Encouragé par la perspective de fortunes fabuleuses, on a quitté la campagne pour la ville, l'agriculture pour l'industrie (1). De là, l'émigration des bras que l'industrie a enlevés au sol; de là, aussi, l'augmentation des salaires et la diminution du prix de la laine. Cette situation, on le voit, n'est nullement anormale, et l'abondance des produits fabriqués amènera toujours des crises dont les producteurs français seront toujours les dupes, si l'on n'y remédie bientôt.

Je laisse apprécier cette crise à qui de droit, et les moyens d'en sortir ou de la prévenir. La question des laines étant une question de vie ou de mort pour la Champagne, j'ai cru de mon devoir d'entrer dans quelques détails, tant cette question est grave, importante et opportune. On ne doit point ignorer la diminution alarmante des moutons qui, de 38 millions, sont tombés à 26 millions en France!!!

Je laisse ces chiffres, qui parlent avec tant d'autorité, à la méditation de chacun, et je continue ma petite revue.

(1) La ville de Reims, que je prends pour exemple, a vu sa population s'élever de 40 à 80,000 habitants en 50 ans.

Voici un produit nouveau destiné à l'alimentation du bétail : tout modeste qu'il paraisse, il n'en a pas moins frappé l'attention des visiteurs, des éleveurs, des engraisseurs, et surtout du jury, qui lui a décerné une médaille d'argent. Je veux parler du pain écossais de M. Barbaudy, qui est venu tout exprès de Bordeaux pour faire connaître ses qualités. La presse de cette ville a rendu hommage à ce produit, qui a été aussi l'objet d'une récompense à son récent concours régional.

En janvier de cette année, voici comment s'exprimait à ce sujet M. le rapporteur du Conservatoire des Arts et Métiers : « Le pain écossais, par sa richesse en matières azotées, constitue un aliment favorable à l'engraissement du bétail, car on sait que la cuisson rend l'assimilation facile ; il approche du pain de manutention ; son prix n'est que de 20 fr. les 100 kilog. »

Je ne quitterai point les produits sans mentionner les beurres de M. Fagot, la présure de M. Huguier, de Troyes, et l'excellente bière de la maison Pfender, de Fagnières, qui a obtenu une médaille d'argent pour son importante brasserie. Je citerai encore les vins de grenache noir et doré, macabeo, rancio et muscat, de M. Violet (Pyrénées-Orientales), les eaux-de-vie de marcs et de cire de M. Lebègue, du Mesnil-sur-Oger, les eaux-de-vie de prunelles et les conserves de M. Gombault, de Troyes, sans oublier les vinaigre et moutarde de M. Munier, de Soissons, dont la qualité peut défier les produits analogues de Dijon.

En somme, magnifique exposition, concours intéressants, sous tous les rapports. Une ombre cependant existe à cette conclusion, c'est la faiblesse des primes culturales. En 1861, 27 concurrents, tous très-sérieux, briguaient la prime d'honneur ; en 1868, le nombre était déjà réduit à 11, et en 1876, 4, plus 6 inscriptions de spécialités !!.. Ce ne sont point les candidats qui auraient manqué, car s'ils avaient voulu sortir de leur apathie, de leur indifférence, ils auraient prouvé par leur grand nombre que cette absence de primes principales ne doit point faire augurer l'abaissement de l'agriculture de la Marne. Les raisons alléguées sont les mêmes que celles dont j'ai parlé au sujet de la diminution du nombre des exposants ; on n'ose affronter ces luttes, pourtant bien pacifiques, dans la crainte d'être vaincu.

Point de prime d'honneur, ni de prix culturaux de 2e catégorie. La prime culturale de seconde catégorie a été méritée et obtenue par l'honorable M. C. Lhotelain, agriculteur à Reims et secrétaire du comice agricole de cet arrondissement. La prime de petite culture a été, dans la 4e catégorie, décernée à M. Parisot, à Grimpret (Marne).

Parmi les médailles de spécialité : une médaille à M. de Montmort, pour herbages.

Une médaille à Mme Jeannin, à Villers-Marmery, pour bonne tenue de ferme.

Une médaille à M. Nagel, de Châlons : organisation d'une station séricicole, bon succès.

Une médaille d'or à M. Lhuillier, à la ferme de l'Etang-Claudin : drainage.

Médaille d'or à M. Senart : assainissement de prairies naturelles.

Medaille d'or à M. Jeannet, à Longevas, pour ses nombreuses entreprises de moissonnage mécanique.

Une médaille d'argent, grand module, est attribuée à M. Lequeux, à Châlons-sur-Marne, toujours à l'avant du progrès, pour son outillage agricole (1).

Faute du temps nécessaire pour apprécier comme il le mériterait le brillant concours hippique, et vu mon incompétence, je me vois forcé, à mon grand regret, d'être bref et

(1) Plus de 160 demandes avaient été adressées pour le prix Droche, Malgré les titres les plus honorables de ces nombreux candidats, la commission a été obligée de répartir les 2,000 francs, si généreusement offerts, entre 36 lauréats, dont quelques-uns comptaient 60 ans de services dévoués.

de ne pouvoir présenter quelques observations relatives à une exhibition aussi intéressante.

Plus de 100 chevaux exposés dans un pays où l'élevage est encore trop délaissé, en raison des ressources qu'il possède pour se livrer à cette utile industrie, pouvaient donner une idée de l'amélioration de la race chevaline dans notre région.

Les encouragements n'ont jamais manqué dans la Marne. La formation d'une société hippique remonte déjà à un certain nombre d'années. On a beaucoup fait pour encourager l'élevage. Aidée et soutenue par l'administration départementale et les divers commices, l'amélioration de la race chevaline a fait des progrès que l'on ne peut contester. Les courses du Camp de Châlons, supprimées à la suite de nos désastres, sont remplacées actuellement par les courses de Reims, qui sont très-suivies.

En présence de notre réorganisation militaire que nos récents désastres ont rendue indispensable, on doit s'adonner le plus possible à la multiplication de la race chevaline. Chacun doit, suivant ses moyens, s'efforcer de contribuer à l'amélioration des meilleures espèces. Il ne faut point l'oublier, il y a là deux questions de la plus grande importance, l'une d'intérêt patriotique ou générale, l'autre d'intérêt particulier. Les concours, on ne peut le nier, ont toujours un but utile : celui d'éclairer les éleveurs sur les meilleurs choix de reproducteurs.

Je ne saurais trop le répéter, le progrès réalisé dans l'amélioration de la race chevaline, tel qu'il s'est révélé à Reims, joint aux nombreuses récompenses dont il a été l'objet, doivent exciter l'émulation de tous ceux qui peuvent s'y adonner.

La première catégorie comprend les chevaux de trait : dix-sept concurrents se disputent les prix, dont le premier est enlevé par *Turco*, à M. Charlier, de Possesse, bel étalon bai brun, de 5 ans; le deuxième est attribué à un superbe percheron, du même âge, appartenant à M. Talon, des Ardennes. *Dandy*, gris pommelé, de 8 ans, à M. Person, de Châlons, obtient le troisième, et le quatrième est partagé entre M. de Pleurre et M. Padier.

Les juments poulinières sont également très-fortes et au nombre de neuf. M. Fassin, de Bétheniville, est le premier lauréat, pour sa grosse percheronne *Fanny*.

Viennent ensuite *Bichette*, à M. Florentin, de la Neuville, *Rosette*, à M. Plouvier, et *Charmante*, à M. Varin d'Epensival, qui se partagent le 3e prix.

Seulement 4 poulains de 2 ans, dont le premier prix est gagné par *Pharot*, à M. Daublin, de Mont-sur-Courville, et le second par M. Cornu, de Saint-Thiéry.

On comptait 8 pouliches, dont la plus méritante est *Rosette*, à M. Lalondre, des Mesneux. On remarque ensuite, le second prix décerné à M. Lequeux, de la Neuvillette, et et un 3e *ex æquo*, entre MM. Fassin et Varin.

La 2e catégorie comporte 15 chevaux d'attelage, dont 4 étalons. Lutte entre la Marne, les Ardennes et la Meurthe-et-Moselle.

Cabriol, bai-brun, de 8 ans, 1er prix; propriétaire : M. Collet, d'Haussonville.

Le beau noir de 6 ans, que tout le monde admirait, et qui appartient à M. Charlier précité, avec le second prix; 3e M. Padier, 4e M. Tilloy.

Parmi les juments poulinières, le 1er prix est décerné à M. Potier, de Saulce-Monclin, pour sa magnifique anglo-normande noire, 10 ans. *Fleurette*, de M. Varin, un peu plus âgée, vient au second rang, quoique également très remarquable. *Lila*, appartenant aussi à M. Potier, vient en troisième lieu.

Trois poulains seulement de 2 ans : 1er prix, M. Padier.

Le 1er prix des pouliches est pour M. Menu, de Briennes (Ardennes), 2me M. Houpin, de Reims, 3e M. Fassin, 4e M. Thiérot, de Reims.

Les chevaux de selle avaient d'excellents types, des conformations parfaites. On trouve en tête des récompensés *Othello*, bai-clair de 6 ans, très-élégant, beau trotteur et plein de feu, dont l'heureux propriétaire est M. Collet, déjà cité. *Diamant*, de M. Ballot, emporte le second ; c'est un beau cheval bai de 13 ans.

Juda, l'anglo-normande de M. Potier, se voit décerner le 1er prix, et le second est donné à M. Michel, de Mœurs (Marne), pour une jument de 7 ans, appartenant à l'Etat ; les deux autres sont emportés par MM. Faveau, de Verzenay, et Varin.

Point de 1er prix de poulains de cette catégorie, mais un second, mérité par M. Michel, et le troisième à M. Vigy-Brémont, de Vitry-la-Ville.

C'est *Gazelle*, belle pouliche de M. Houbin, qui enlève la première prime ; la seconde est décernée à *Minette* de M. Charbonneau, de Reims. MM. Fasssin et Ballot gagnent les deux dernières.

J'arrive à la catégorie spéciale, comprenant d'abord les chevaux agricoles harnachés, présentés attelés à deux, concours qui n'était pas le moins intéressant et le moins attrayant.

Les deux boulonnaises : *Marguerite* et *Sophie*, de deux ans et demi, de M. Varin, ont remporté le prix de 300 fr.; les autres, non décernés.

M. Varin est encore l'unique lauréat des chevaux d'attelage, non agricoles, harnachés et attelées à deux, pour *Chevrette* et *Légère*, 3 ans et demi.

Les chevaux d'attelage harnachés pour être attelés seuls formaient la section la plus nombreuse.

Prix d'honneur (hors concours) à M. Werlé père, de Reims. Magnifique anglo-normand de 5 ans.

Premier prix, *Castor*, à M. Ballot, superbe cheval bai de 3 ans.

Deuxième prix, *Cigarette*, à M. Desteuque, de Reims, âgée de 6 ans, beau modèle.

Troisième prix, *Betty*, à M. Varin, anglo-boulonnaise, 5 ans 1/2.

Quatrième prix, *Frisette*, à M. Fassin, bai-clair de 4 ans.

Dernière catégorie : chevaux de selle montés.

Premier prix, M. Disant, de Reims, pour *Java*, bai de 5 ans.

Deuxième, M. Bonnet, de Reims, pour *Toto*, bai-brun de 11 ans.

Tel est le bilan des récompenses hippiques, que j'ai le regret de n'avoir pu apprécier avec toute la compétence que mérite une classe aussi importante et la première de tous les animaux.

Quelques considérations me sont indispensables comme conclusions finales.

Malgré la beauté, la diversité et la variété du brillant concours de Reims, il me reste deux faits principaux à constater, qui résumeront les conséquences à tirer de cette belle exhibition. Bien que ce soit là une opinion personnelle, elle sera, je crois, partagée par un certain nombre de mes collègues.

D'abord, je constate un fait certain, connu de tous : on fuit, on abandonne les concours, la propriété baisse partout dans une énorme proportion. Très-grande difficulté pour louer des fermes et plus grande encore pour les vendre (1). La cause de cette infériorité de la France agricole, je ne cesserai de le répéter, ce sont les traités de commerce : je dirai même plus, ce sont eux qui l'ont sacrifiée.

Mais, objectera-t-on, le nombre des machines augmentant chaque jour est un indice de progrès et obvie au manque

(1) Je pourrais citer plus d'un exemple de cas où il ne s'est même présenté aucun amateur comme adjudicataire dans les ventes publiques.

de bras dont on se plaint. Erreur. Nul plus que moi ne se félicite des efforts des inventeurs, du progrès, des perfectionnements de la machinerie agricole, de l'émulation des expositions et des concours ; mais, je dis une fois de plus, que les instruments agricoles, au lieu de venir adoucir les dures et pénibles travaux de l'homme, sont venus pour remplacer les bras. Or, les machines ne peuvent point entièrement remplacer l'homme. Est-ce qu'il n'est pas besoin d'ouvriers spéciaux et assez intelligents pour les conduire et les diriger ? Où les trouverons-nous ? Hélas ! l'industrie, le commerce, la finance nous les ont enlevés !

Les hauts salaires que peuvent donner les riches industriels, les attirent, et ce n'est point le modeste cultivateur dont les charges depuis 30 ans sont doublées et les revenus diminués qui peut s'opposer à cette concurrence, à cette émigration vers les villes. Il est donc obligé de faire les avances d'un capital-machine énorme, dont il ne sera jamais couvert.

Contrairement encore aux machines industriels qui fonctionnent toujours, les instruments agricoles (au moins les machines d'extérieur) ne marchent que quelques mois de l'année, et par là même rendent leur entretien plus onéreux et occasionnent double dépense, car, au bout d'un certain temps, on est obligé de les renouveler.

Si donc les machines atténuent le mal, elles ne le guérissent point. Le remède alors ? demandera-t-on. Il existe certainement, ainsi que je l'ai démontré l'an dernier.

On le trouvera (et j'ai la conviction que l'on y arrivera bientôt) dans une réaction des esprits et des mœurs vers l'agriculture, c'est-à-dire en retournant aux campagnes, en cultivant le sol, car la situation qui est faite au cultivateur n'est pas du tout normale.

Oui, la régénération de notre beau et bon pays de France ne s'opérera que par la régénération de l'agriculture, qui est la base de toute régénération sociale. Ramenons-y donc les esprits par tous les moyens moraux et physiques possibles. Demandons les réformes économiques, plaçant l'agriculture sur le même pied égalitaire que les autres branches de la richesse publique, et surtout n'avantageant point l'étranger à nos dépens (1).

L'agriculture, donc, doit être et sera la régénératrice de la France.

Bien que cette question ne soit point de mon ressort, je ne puis terminer sans signaler la magnifique exposition industrielle annexée au concours, et qui rappelle en petit, il est vrai, celle de Paris en 1855, plus le progrès accompli. Les tissus (2), les confections, la céramique, les ameublements ; télégraphie, horlogerie, optique, musique, dessins, photographie, mécanique, matériel de transport, hygiène, médecine, alimentation, produits chimiques, etc., étaient brillamment représentés. Une superbe exposition viticole (3) et

(1) Quand un ennemi envahit un territoire on cherche immédiatement à le repousser, c'est tout naturel.

On doit alors repousser avec les mêmes sentiments patriotiques les produits de l'étranger qui envahissent nos marchés français, qui font une guerre acharnée à notre production agricole, qui sont déjà arrivés à réduire nos moutons de 12 millions et qui nous obligent d'avoir recours aujourd'hui à l'Allemagne, dont des milliers de ces animaux figurent chaque semaine sur nos marchés.

(2) La maison Cail avait amené là une de ses puissantes machines destinée à faire mouvoir les nombreux engins mécaniques du lavage des laines, leur peignage leur filage, pour être converties par le tissage, la teinte et l'apprêt en ces mille étoffes, aux couleurs si variées, en ces beaux tissus qui font l'admiration du monde entier sous les noms de nouveautés unies ou imprimées, velours, cachemire, flanelle, molleton, etc., et qui surpassent de toute manière ce qui se fait ailleurs dans ce genre et dont Reims a la juste réputation.

(3) Le progrès de la fabrication des vins de Champagne (qui produit annuellement une moyenne de *19 millions de bouteilles* représentant *60 millions de francs*), a pris tellement d'extension, que la fabrication du verre a dû suivre la même proportion. Trois établis-

horticole y était jointe et faisait l'admiration des nombreux amateurs. Je ne puis passer sous silence l'exposition rétrospective installée à l'archevêché (1), qui a été bien visitée. A l'hôtel-de-ville, c'était les beaux-arts, c'était le rendez-vous de la peinture. Les concours de musique et de gymnase ont rehaussé l'éclat des fêtes données par la ville de Reims, qui a tout fait pour attirer dans ses murs une foule comme depuis longtemps on n'en avait vu. Honneur donc à tous les organisateurs de ces divers concours !

La dernière partie de ma mission avait pour but d'assister à la réunion des divers délégués des sociétés agricoles, sous la présidence de M. Tisserand, inspecteur général de l'agriculture et commissaire général du concours régional de Reims.

Autant que mes souvenirs sont fidèles, voici le compte-rendu à peu près exact, mais sommaire, de cette séance :

Réunion assez nombreuse et séance ouverte à deux heures et demie.

Un honorable membre de Saint-Dizier demande qu'à l'avenir le jury détermine ou fasse distinguer les races pures, de celles qui ne le sont point.

M. le président fait observer que l'on doit compter sur la bonne foi des exposants dans leurs déclarations. Ceux qui

sements de ce genre ont été créés aux portes de Reims et dont les bouteilles sont de première qualité : Loivre, Courcy et la Neuvillette qui avaient envoyé des spécimens de premier choix.

L'industrie vinicole a beaucoup progressée aussi, et les nombreuses machines à transvaser, doser et boucher les bouteilles sont parfaitement construites, et témoignent en faveur du grand art de la vinification.

(1) Monseigneur Langénieux, avec la bonté que chacun lui connaît, avait mis presque entièrement son palais à la disposition de cette non moins intéressante exposition, qui a été examinée par bien des curieux et où l'on pouvait faire un cours complet d'histoire ancienne.

agiraient sciemment dans le sens opposé devraient lui être signalés, afin qu'il prît des mesures en conséquence.

M. Charlier, délégué du comice de Reims, réclame la suppression des croisements divers et déclare que l'on trouve suffisamment de sujets en France sans aller à l'étranger.

Un membre proteste contre cette suppression, et un de ses collégues appuie vivement sa protestation en prouvant au contraire, par des arguments puissants, que nous devons aller chercher à l'étranger ce qui nous manque.

M. Martin demande qu'on se rallie au programme consacrant la pureté des races.

Mise aux voix, la théorie de M. Charlier est repoussée.

M. le président lit une proposition de la Société d'agriculture de Nancy (chef lieu du concours de l'an prochain), émettant le vœu du rétablissement des catégories dans les races diverses et supprimées il y a trois ans.

M. Martin demande la faculté pour le jury, après examen préalable, du rejet de la catégorie des croisements divers.

M. le président rappelle que ceci a existé il y a quelques années, mais des abus nombreux ont fait revenir au programme, qui est maintenu sans modification.

Interprête d'un bon nombre de mes collègues, j'avais déposé sur le bureau une motion tendant à réunir le département de la Haute-Saône, détaché de notre circonscription régionale, m'appuyant sur la propagation de la race fémeline qui, disparaissant de nos concours, disparaîtra bientôt de nos vacheries. Après une courte discussion, où la réunion des Vosges à une circonscription du sud-est a paru géographiquement impossible, ma demande n'a point été prise en considération.

Le comice agricole de Briey, par l'organe de M. le président, désirerait que l'ouverture du concours régional de Nancy fût retardée jusqu'à l'achèvement ou l'ouverture d'une nouvelle voie ferrée, qui doit avoir lieu vers cette époque.

Après une discussion assez vive, M. le président propose,

comme conciliation, de fixer ce concours dans la dernière période. — Adopté.

Un vœu est exprimé aussi par les délégués lorrains, demandant la division des prix culturaux, la suppression des prix de métayage et leur répartition entre les divers comices de la Meurthe.

M. le président observe que la première partie de ce vœu regarde la réunion ou l'assemblée, qui est compétente ; mais, quant à la seconde partie, il n'y a pas lieu de modifier le paragraphe 3 de l'article 2 du programme, attendu que l'arrêté a été pris il y a plus d'un an. Même réponse pour la proposition des Ardennes, vu que l'arrêté a été également pris pour ce département où le concours doit avoir lieu en 1878.

Les honorables auteurs de ces diverses propositions se rallient aux justes observations de M. le président en ce qui concerne les concours futurs, à l'exception de la Meurthe-et-Moselle et des Ardennes. Mise aux voix dans ce sens, la proposition est votée.

Un délégué de Nancy, au nom des comices, réclame une plus large part dans les allocations attribuées aux concours régionaux, afin de les distribuer aux divers comices agricoles des départements chef-lieu desdits concours.

M. Jozon, de l'Aube, combat très-spirituellement cette proposition, et va même jusqu'à demander la suppression des comices cantonaux, où le bétail et les produits font de plus en plus défaut, ajoute-t-il !

Un de ses honorables collègues proteste de toutes ses forces, et, comme président de comice cantonal, démontre la théorie contraire, prouve leur utilité, leur nécessité pour la petite culture et pour les modestes ouvriers du sol qui n'aiment point et ne peuvent point ou ne veulent point se déranger jusqu'au chef-lieu d'arrondissement.

Après une discussion chaleureuse, savamment résumée par M le président, la demande ci-dessus n'est point adoptée.

Le délégué du comice de Sedan sollicite, pour l'espèce bovine, une distinction de prix entre les grandes et les petites races, entre les vosgiennes, les bretonnes ou les petites schwitz par exemple.

M. le président s'étonne de cette demande, et prie l'honorable préopinant de vouloir bien se reporter au programme, qui est parfaitement d'accord avec lui.

Un délégué pousse l'absolutisme jusqu'à demander l'exclusion de l'utile racebretonne de nos concours régionaux.

A la suite d'une démonstration en faveur de la vache bretonne, qui est la vache du pauvre, la grande majorité de l'assemblée se prononce contre cette demande.

M. Fagot, des Ardennes, proposant de n'admettre dans l'espèce ovine que la race française, à l'exclusion des races diverses, a vu sa demande rejetée.

Des membres du jury de la quatrième classe expriment le vœu qu'il soit établi à l'avenir une catégorie de pintades et une de pigeons. — Adopté.

Le délégué du comice de Lunéville, en conformité d'idées avec plusieurs de ses collègues, réclame pour Nancy des concours spéciaux de labourage à vapeur, de rouleaux brise-mottes, semoirs en lignes, et d'admettre parmi les produits, le houblon.

Un autre membre du même département, demande aussi une prime pour les bissocs et des prix pour les instruments nouveaux ne rentrant point dans la catégorie des instruments non prévus par l'article 16 du programme. — Adopté.

Vint le tour de ma seconde motion, un peu en dehors du but de notre réunion, il est vrai, par laquelle je réclamais, au nom de l'agriculture, un abaissement des droits sur les machines agricoles étrangères, qui sont grevées extraordinairement et qui ajoutent encore aux charges que la culture supporte. Chacun comprenant qu'une simple fourche américaine solde 1 fr. à son entrée en France, et les faucheuses et les moissonneuses en proportion, l'assemblée a accueilli ma seconde demande à l'*unanimité*.

M. Albert Hazard, d'Ay (Marne), se plaint de ce que la viticulture est trop délaissée, et que trop peu d'encouragements lui sont destinés dans les concours régionaux. En conséquence, il demande qu'une plus large part dans les récompenses lui soit attribuée à l'avenir.

M. le président le prie de se reporter au programme qui a tout prévu, même une bonne place à la viticulture dans la répartition des récompenses, et fait observer à M. Hazard que ce sont au contraire les candidats viticoles qui ne se présentent point assez et les exposants qui font défaut, qui ne répondent point à l'invitation qui leur est faite. Après un court débat, la demande en question n'est point prise en considération.

M. Cochat, je crois, demande dans l'espèce ovine la séparation des races étrangères dishley, southdown, etc. — Adopté.

Après l'adoption de cette dernière proposition, la séance est levée vers 4 heures.

CONCOURS RÉGIONAL DE NANCY.

RAPPORT

DE M. BABLOT-MAITRE, DÉLÉGUÉ DU COMICE DE CHALONS.

MESSIEURS,

Délégué au Concours régional de Nancy, j'eusse désiré, pour vous en rendre compte plus savamment, et avec toute l'expérience nécessaire. un de mes collègues plus émérite et plus compétent, un représentant plus digne, une plume mieux taillée, une voix plus autorisée.

La bienveillance que vous m'avez témoignée l'année dernière, dans une circonstance analogue, me fait triompher de mes scrupules littéraires et rend ma tâche moins pénible. Je vais donc m'efforcer, dans mon rôle d'observateur, d'écrire mes impressions le moins mal possible, faisant un nouvel appel à votre indulgence pour remplir avec impartialité l'honorable mission qui m'est incombée, et prenant pour guide cette devise : ETRE UTILE A TOUS.

Lorsqu'au concours de Reims je rappelais en quelques mots l'historique de la vapeur, je disais en terminant qu'elle était appelée à rendre de plus en plus de services à l'agriculture. Sur les grandes voies ferrées, on a augmenté sa vitesse, car l'express qui m'emporte fait 74 kilomètres à l'heure. Puisse ce rapprochement de plus en plus grand des peuples contribuer à leur civilisation complète et à leur bonheur !

Le sifflet n'a point plutôt annoncé le départ, que déjà le panorama de notre voyage se déroule avec une rapidité vertigineuse, qui m'oblige pour ainsi dire à photographier mes impressions. Châlons, à peine quitté, nous laissons bien vite en arrière les blancs terrains de la Champagne, couverts de leurs moissons dorées, pour traverser les riches prairies de la Marne, où de nombreux travailleurs fanent une herbe abondante, qui, par une température exceptionnelle, déterminant une dessiccation complète, donne un foin de bonne qualité. Le Perthois apparaît à peine que déjà lui succèdent les luxuriantes vallées de la Saulx et de l'Ornain. Sermaize, aux cultures si variées, et aux eaux minérales si recherchées, disparaît à son tour pour faire place à Revigny (1) où nous franchissons la limite de notre département. Bientôt les riants coteaux, les bons vignobles de la Meuse nous font prévoir notre passage dans l'ancienne capitale du Barrois.

Bar-le-Duc, en effet, est arrivé, et je rencontre là des délégués de l'Aube et de la Marne. Tout en devisant sur les progrès agricoles de la contrée, nous nous remettons en marche ; la vaste prairie s'élargit et s'allonge, devient immense, s'étend à perte de vue jusqu'à Vaucouleurs, modeste village où parut une humble bergère qui sauva la France et dont la fin fut héroïque. Souhaitons que la Providence fasse surgir encore quelque Jeanne d'Arc !

Commercy et Toul nous présagent l'approche de la capitale de la Lorraine, pays si fécond aussi en souvenirs historiques et agricoles ! ! ! Enfin, après avoir traversé la vallée si industrielle de la Moselle, à l'extrémité de laquelle se trouve Metz, que tout Français doit saluer en passant d'un souvenir de regret patriotique, la cité nancéenne nous montre de loin ses sites charmants, ses magnifiques paysages et bientôt ses maisons coquettes, ses rues si régulières et ses nombreux monuments ! Nancy est en fête depuis huit jours :

(1) Autrefois, ville importante, brûlée par les Suédois en 1640.

hier, l'érection d'un buste à J. Callot, artiste d'un grand talent, graveur illustre, qui a considérablement fait pour cet art et dont nous profitons journellement. N'est-ce point par la gravure, en effet, que nous avons connu nos premières machines agricoles ? N'est-ce point par la propagation des dessins dans la presse et dans les livres et publications agricoles que nous avons apprécié les premiers animaux primés et étudié les instruments perfectionnés ? La vue d'un sujet dont on a lu la description frappe davantage notre imagination et pénètre plus facilement notre intelligence. Honneur donc à cette illustration !

Le jeudi 28, une autre fête non moins intéressante Des salves d'artillerie annoncent le couronnement de Mathieu de Dombasle, dont on célèbre le *Centenaire*, coïncidant avec le concours régional. Tous les cultivateurs connaissent cette célébrité agricole, j'allais dire de la Lorraine, mais de toute la France. Sa statue, élevée sur la place qui porte son nom, et placée près de la gare, paraît se réjouir de ces fêtes de l'agriculture, et montrant l'araire de son invention aux nombreux visiteurs, semble leur dire : « Suivez mon » exemple : perfectionnez, créez des instruments destinés à » adoucir les pénibles labeurs du travail de la terre, et vous » aurez bien mérité de la patrie. »

Son nom est connu aussi bien dans les villes qu'au fond des campagnes. En 1810, il fonda la première sucrerie, mais les sucres coloniaux lui firent une concurrence telle, qu'il dut abandonner cette fabrication (1). C'est vers cette époque qu'il construisit la première machine à battre. En 1822, il loua la ferme de Roville pour en faire un établissement modèle, et y créer une école d'agriculture, l'objet de ses désirs, depuis que les guerres ruineuses avaient laissé la nation sans bras ni capitaux, ni intelligences. Cette œuvre de dévouement ne le vit jamais faillir. Régénérer son pays, semer,

(1) Les sucres tombèrent de 6 francs à 0f 60 c, le demi-kilo.

produire aux meilleures conditions possibles, telle fut son œuvre de chaque jour. Aux écrits il joignit l'exemple ; aux théories, la pratique.

Commencé avec 40 élèves, en dix ans plus de 300 étaient venus prendre part à son enseignement. En 1823, il monta ses premiers ateliers, et un peu après, l'araire qui porte son nom obtenait une récompense. Ses herses, extirpateurs, houes et ses semoirs à brouette furent également primés. Sa réputation avait franchi les mers. Les nations d'Europe et d'Amérique ont envoyé leurs offrandes afin de s'associer à la reconnaissance publique pour lui élever un monument, inauguré en 1850. Il a trouvé dans sa famille de dignes continuateurs dont j'aurai occasion de parler. Ses descendants sont dignes de leur aïeul, et les vœux de tous les agriculteurs lorrains seraient de voir créer à Nancy une école d'agriculture qui porterait son nom, afin de perpétuer la mémoire de cette illustration agricole.

L'agriculture, en France, fut longtemps négligée par ceux qu'elle faisait vivre. Peu de gens se doutaient qu'il fallût arroser de tant de sueurs le pain qui nourrit l'homme. Un beau jour, on comprit qu'elle était la mère de tous les arts et la puissance, la force des nations. C'est alors que l'on institua les expositions qui augmentèrent la production du sol, par la propagation des plantes, les irrigations, les engrais et partant celle du bétail. Aux petites exhibitions partielles, on ajouta les grands concours par région de plusieurs départements.

Suivons donc la foule avide de spectacles intéressants dans cettte capitale du roi Stanislas Leczinski, et elle nous conduira sur le lieu du concours. C'est là en effet que se trouvent réunis le bien, le beau, l'utile !

Aucune ville n'a l'avantage d'un emplacement aussi vaste et aussi splendide que l'admirable, l'incomparable Pépinière dont les arbres, plus que séculaires, furent plantés par l'ancien roi de Pologne.

Cette promenade, de l'effet le plus ravissant, était primitivement le parc royal. Sa partie supérieure a été transformée récemment en jardin horticole où les plantes indigènes se marient agréablement aux plantes exotiques les plus variées, les plus bizarres et les plus rares.

C'est une heureuse idée qu'a eu l'édilité nancéenne de faire précéder le concours agricole d'une exposition horticole. Les parfums qui s'en exhalent embaument l'air de leur suavité et accompagnent les visiteurs jusqu'à l'allée principale qui donne accès dans les diverses sections de cette rare exposition régionale de sept départements (1).

Mais, au fait, qu'est-ce que l'horticulture, l'arboriculture? Mais ce sont des parties même de l'agriculture. En dehors des plantes et des fleurs d'agrément, n'y rencontre-t-on point les légumières, fruitières, soit de la saison, soit forcées ?

En entrant, ou plutôt avant d'entrer au concours principal, on remarque, à gauche, l'exhibition hippique, sur laquelle je dirai un mot un peu plus loin. Ce qui frappe d'abord l'attention, ce sont les nombreuses charrues de l'importante maison Ch. de Meixmoron de Dombasle, qui avait exposé plus de cent modèles différents d'instruments de culture dont elle fait sa spécialité, bien qu'elle fabrique aussi quelques autres instruments des plus solides et réunissant toutes les qualités voulues ;aussi, sur la demande du jury, une récompense spéciale a été accordée à ces ingénieux constructeurs qui suivent si fidèlement les traditions de leur ancêtre.

Comme pour faire le pendant, la maison non moins importante de Paul François, qui n'a pas craint, avec son successeur, M. Gourguillon, d'amener à Nancy plus de cent cinquante instruments et machines pour tous les besoins agricoles. Que de sacrifices de toute nature n'ont-ils point

(1) Les Ardennes, l'Aube, la Marne, la Haute-Marne, la Meurthe-et-Moselle, la Meuse et les Vosges.

fait pour propager tous les engins agricoles dans nos contrées! Pour en donner une idée, je citerai un seul exemple : en deux mois, ils ont vendu dernièrement 348 faucheuses et moissonneuses. J'ai vu M. Chevandier de Valdrôme, lauréat de la prime d'honneur, leur acheter pour deux mille francs d'instruments agricoles.

Avant d'aller plus loin, je crois devoir placer ici quelques chiffres des diverses exhibitions :

Animaux de la race	bovine......	225
Id.	ovine........	109
Id.	porcine......	48
Id.	basse-cour....	150

Produits : 200 exposants (sans compter les expositions collectives qui doublent les produits).

Instruments........................ 1,400

Les bureaux du commissariat général et ses annexes sont parfaitement disposés au centre, pour répondre aux réclamations qui peuvent se produire. Un jet d'eau placé en face augmente la fraîcheur de la promenade et rend des plus agréables le bien-être des hommes et des animaux, qui ne souffrent nullement de la chaleur accablante.

Un peu plus loin, les produits; en avançant vers le canal, dans les allées latérales, les boxes des animaux : à droite et à gauche, les instruments.

ANIMAUX.

La race bovine (1) était représentée par le double de sujets,

(1) Pour l'édification complète des lecteurs, j'ai cru devoir noter ici quelques renseignements intéressants pour tous.

En France, l'espèce bovine se divise en trois catégories : 1° *Laitières*; 2° *de boucherie*; 3° *de travail*.

1re CATÉGORIE. — Dans la région du nord, on trouve la *Flamande*, pelage foncé ou acajou, moyenne taille;

La *Hollandaise*, forte race à la robe noire et blanche;

La *Cotentine* a deux pelages : bringé, c'est-à-dire fauve, taché de noir et blanc, l'autre rouge et blanc; c'est la plus butyreuse;

La *Bretonne*, petite taille, également noire et blanche, et rouge et blanche.

comparée au concours de l'an dernier qui n'était à Reims que de 180 têtes.

Une sommité agronomique me faisait observer que, malgré la beauté de cette exhibition, elle manquait néanmoins d'homogénéité dans l'ensemble des diverses catégories, et que ceci était encore une conséquence de nos désastres, qui, jusqu'à présent, n'ont point permis la reconstitution complète des races pures dans les belles vacheries de l'Est.

Dans les six mâles des Durham, les deux premiers prix sont attribués à M. Lamiable, des Ardennes. Notre compatriote, M. de Montmort, voit son *Jacques*, bull rouge, de 10 mois, obtenir une mention honorable.

Région de l'Est. — Ces diverses races s'acclimatent très-bien dans l'est, ainsi que l'*Ayr* venant de l'Ecosse, acajou moucheté de blanc.

On y rencontre beaucoup de races suisses, notamment la *Schwitz fribourgeoise* gris souris.

Région du Midi. — Dans les Pyrénées, l'excellente race de Lourdes;

La *Bordelaise*, ressemblant à la *Hollandaise*. En tous cas son importation remonterait à plusieurs siècles.

2me Catégorie. — Le *Durham* présente cette particularité d'une espèce ou plutôt d'une variété laitière et une de boucherie ; il en est de même de la *Normande*.

Le pelage du *Durham* est variable et souvent mélangé, tantôt rouge, brun, tantôt rouan, pie, noir, blanc.

Région du Centre. — La race *Nivernaise-Charolaise* est maintenant l'émule du *Durham* quant à son poids et à sa facilité d'engraissement, et surtout à sa précocité, robe blanche ; l'*Ayr* est très-apte aussi à prendre la graisse.

3me Catégorie. — En première ligne c'est le *Charolais* pur, blanc, et fauve-blanc. On rencontre diverses races de travail dans l'ouest, spécialement les *Vendéennes*, subdivisées en *Choletaise*, *Nantaise* et *Parthenaise*, généralement robe froment, nuancée de quelques poils noirs.

J'oubliais de citer le *Nivernais*, pelage café au lait. En descendant dans le midi on rencontre les races de *Salers*, acajou foncé que l'on trouve dans le Cantal ; *limousine* ou *garonnaise*, fortes cornes, froment, vif clair ; *Marchoise*, gris clair :

Bazadaise, *landaise*, *gasconne*, gris blaireau, gris foncé, gris clair ; *Mezenc* et *Aubrac*, froment grisâtre.

La *Tarine* des Alpes, blaireau.

Dans la Comté ou dans le Comtois, la *Bressane femeline*, pelage froment.

Je ne veux point terminer cette nomenclature sans parler d'une variété sans cornes, la *Sarlabot*, de création moderne, remontant seulement à 1842, et obtenue par l'honorable et intelligent M. Dutrône d'un taureau de la race écossaise *angus* avec des *cotentines*.

M. Huot, de l'Aube, est presqu'aussi heureux qu'en 1876 : ses femelles emportent trois premières médailles dans la 2e section. M. Lamiable une, et, finalement, le prix d'ensemble est décerné à ce dernier exposant, pour ses sept numéros exhibés. On ne se lasse point d'admirer cette grosse nature, au pelage blanc, pie, rouan, à la tête fine, l'encolure courte, la ligne dorsale droite, à la queue aplatie, aux cuisses longues, aux hanches larges, d'une structure vraiment remarquable, enfin d'une conformation dénotant une précocité extraordinaire. Comme engraissement, en effet, le Durham n'a pas de rival. Seulement, il faut une nourriture que l'on ne peut donner partout. Dans notre Champagne, ses croisements donnent de meilleurs résultats, surtout avec la race hollandaise.

Je n'ai point vu de race ardennaise, cette race si bien représentée à Reims par les beaux types Namur et Lhotelain.

Par contre, la bonne race hollandaise a seize sujets ici, dans toute la pureté de la race, et qui se propage beaucoup en Champagne maintenant ; car, à ses qualités éminemment laitières, elle joint une grande aptitude à l'engraissement. Notre département avait quelques belles génisses, car M. Herment-Bidaut, de Jussecourt, obtient une médaille d'or, et M. de Montmort une de bronze; mais le lauréat principal est M. Loumaye, de Vaux-en-Champagne (Ardennes), qui emporte dans cette sous-catégorie quatre premiers prix et un second.

Les croisements hollandais, suisses, belges, flamands, meusiens, donnent encore une médaille d'or à M. Loumaye, et, en fin de compte, un objet d'art qu'il a noblement gagné. La fémeline meusienne de M. Herment reçoit un prix supplémentaire et se voit battue par la hollandaise-meusienne, noire et blanche, de M. Broquet, qui obtient le premie prix.

Point de prix de bande.

Mais j'oubliais les vosgiennes. Bien que cette race ne donne point de bon résultats dans nos pays où elle est partout rejetée, dans les Vosges elle conserve certaines qualités incontestables; le pâturage de ces montagnes lui est assurément favorable. MM. Didier et Michel en sont les principaux lauréats. Une médaille d'argent et une de bronze sont en outre décernées à sœur Thérèse, supérieure de l'hospice de Saint-Dié (Vosges).

Parmi les races françaises autres que celles dont j'ai déjà parlé, le normand bringe, de 2 ans 1/2, appartenant à M. Michel, de Plichancourt (Marne), a bien mérité le premier prix. Viennent ensuite comme plus beaux sujets le montbéliard rouge et blanc de M. Dupont, la lorraine rouge de M. André, les normandes de M. Guénin-Gauthrot, qui se voient également décerner les premières récompenses. La normande cotentine de M. Herment obtient ausssi un prix supplémentaire.

Les races suisses sont vivement disputées, ou plutôt se disputent vivement les récompenses qui leur sont attribuées; elles sont très-laitières et s'acclimatent bien en Champagne : la petite race est fort rustique et se contente de peu, on pourait presque dire, quant à ses qualités, qu'elle est la bretonne de l'Est. C'est la Meurthe-et-Moselle qui en expose les plus beaux types; néanmoins, notre compatriote Herment voit sa petite schwitz mériter une médaille d'argent; il avait également amené une fribourgeoise noire et blanche, qui n'a pu lutter avec son concurrent, car le prix n'a point été décerné.

L'espèce ovine, j'ai peine à le constater, était réellement trop peu représentée, surtout dans notre région Nord-Est, où les moutons sont si nombreux, à cause des terrains spéciaux au pacage, et où l'élevage se fait sur une très-grande échelle. Les causes sont les mêmes que celles que j'exprimais en 1876. Que nos habiles et intelligents éleveurs, qui sont l'honneur de l'agriculture de la Champagne, sortent donc de leur apathie et de leur indifférence afin d'être tous au premier rang dans cette lutte pacifique au concours de Charleville !

Point de mérinos purs. 37 mâles et 72 femelles en 24 lots. Si une ombre se projette sur l'exhibition ovine, si l'on doit déplorer l'absentéisme que je viens de signaler, un beau fleuron vient de s'ajouter à la couronne de palmes que la Marne conquiert depuis bien longtemps dans les concours régionaux. Oui, notre département vient d'obtenir un nouveau joyau à joindre à tant d'autres. Honneur donc à l'honorable M. Chevalier, de Braux-Sainte-Cohière ! dont les métis-mérinos (avec tant soit peu de sang anglais augmentant la précocité) ont mérité et obtenu quatre médailles d'or et un objet d'art, pour l'ensemble de son exposition, comprenant 7 numéros. Un 2ᵉ et un 3ᵉ prix sont obtenus par M. Poinsignon, de Meurthe-et-Moselle. Six prix n'ont point été décernés, ce qui prouve la pénurie des quatre sections de la première catégorie.

Je ne sais trop quels motifs ont fait placer les races françaises après les étrangères ; je parlerai néanmoins de celles-ci immédiatement. Point de premiers prix.

Deux médailles d'argent sont attribuées à M. Herment, pour sa race lorraine (mâle et femelle). M. Céran-Maillard est venu du fond de la Manche avec deux béliers de 1 et 2 ans et 3 brebis dishley. Bien lui en a pris, car il les a vus primer de deux médailles d'or. MM. Fagot, des Ardennes, et Dupont, de l'Aube, reçoivent des médailles inférieures pour la même race.

Absence de southdown, hampshire, cotswold, newkent purs ; mais des croisements anglo-mérinos, mauchamp et les dishley-mérinos, dont les récompenses, par ordre de mérite, sont dévolues aux lauréats : Huot, Fagot et Rollet.

L'exhibition porcine était brillante et nombreuse. Vingt-trois prix ont été décernés sur 48 sujets exposés. En premier lieu, sont classées les races indigènes. M. Broquet obtient pour ses craonnaises-meusiennes deux médailles d'or; les craonnaises blanches et lorraines sont au second rang.

Dans la 2e catégorie, M. de Montmort enlève facilement le premier prix pour un yorkshire blanc de 7 mois et un 3e prix pour une femelle d'un an. M. Michel, bien qu'il n'arrive point le premier, voit sa berkshire noire de 10 mois obtenir un 4e prix; une mention honorable pour une truie de même race, de deux ans, et la même récompense pour une yorkshire.

Viennent les croisements divers entre françaises et étrangères, qui sont la catégorie la plus nombreuse; je retrouve là un nom bien connu parmi nous : le lauréat principal, c'est M. Guillot, de Saint-Amand (Marne), qui enlève sur ses 19 concurrents une médaille d'or, une médaille d'argent, une mention honorable et de plus le prix d'ensemble pour sa race croisée hampshire-normand, dont l'alliance donne de si bons résultats. M. de Montmort reçoit un second prix pour un yorskhire-craonnais, de 6 mois, et M. Michel un troisième; l'honneur de cette exhibition revient donc encore à notre département. Il est fâcheux que les belles porcheries de M. Guéraut-Godart n'aient point eu à Nancy de sujets; il eut bien certainement contribué à augmenter encore les avantages de la race porcine, dont il a déjà bien des fois exhibé des types rares et qui ont été hautement récompensés.

Dans la basse-cour, je n'ai rien rencontré que de l'amélioration dans le volume et la précocité des diverses races exposées. Les crève-cœur, bresse, houdan, lorraine avaient pour exposants principaux deux lutteurs habituels : MM. Croiset, de la Somme, et Guillot, de Saint-Amand. Le premier obtient cinq premiers prix et trois seconds, tandis que M. Guillot triomphe sur toute la ligne des poules, oies, canards, pintades, pigeons, en emportant cinq premières médailles, cinq secondes, une mention honorable et, cela va de soi, l'objet d'art pour 9 ou dix numéros méritants.

Les lapins américains de M. Liébert enlèvent deux prix. Les lapins russes et de Silésie n'ont rien obtenu. Point de léporides.

Une partie importante de la basse-cour, et qui réclame le plus d'intérêt et de soin, c'est celle de l'élevage. Une autre raison qui attirait un public émerveillé devant les appareils d'élevage artificiels, c'est que les *hydro-incubateurs* de MM. Vatellier, de Mantes, Rouiller et Arnoult, de Gambais (Seine-et-Oise), étaient exhibés pour la première fois dans notre région. Honneur donc encore à ces promoteurs intelligents, à ces industriels zélés, qui méritent tous les éloges et toutes les félicitations possibles. Honneur donc leur soit rendu une fois de plus. Divers tuyaux, traversant une caisse à tiroirs, contiennent de l'eau que l'on maintient à 40 degrés; on la renouvelle seulement matin et soir. Un thermomètre placé dans l'intérieur permet de contrôler facilement la chaleur continue qui, au bout de vingt jours, comme lors de l'élevage naturel, donne des poussins. Quand l'époque de l'éclosion est arrivée, on introduit les jeunes poulets dans la *mère à l'eau chaude*, autre appareil d'où ils sortent librement pour aller picoter la pâtée qui leur est destinée. Il fallait voir à Nancy combien les fermières, les ménagères, et surtout les enfants s'intéressaient à ce spectacle nouveau, à cette invention utile qui nous vient, je crois, des Egyptiens, et qui a été abandonnée. L'histoire ancienne, en effet, rapporte que chez cette nation l'élevage s'opérait dans des fours, mais qu'il en périssait toujours un certain nombre; tandis qu'avec les appareils dont je viens de parler, la réussite est toujours assurée. Du reste, plus de 80,000 poussins sortant des appareils incubateurs de ces Messieurs, sont annuellement expédiés dans toute la France 48 heures après l'éclosion, et cela dans des boîtes spéciales où ils sont en pleine sûreté. Il est fâcheux que le jury, qui a assisté à toutes les phases éclosives, n'ait pu décerner à ces ingénieux exposants qu'une médaille d'argent et une de bronze, d'autant plus que partout ailleurs ils ont obtenu et réellement mérité les plus hautes récompenses. Heureusement qu'à Nancy ils s'en sont dédommagés par une vente considérable de leurs hydro-incubateurs, dont les prix varient de 50 fr. et au-dessus.

Produits.

Cent soixante-deux exposants de produits, représentant plus du double de numéros, tel est le chiffre de cette partie toujours si visitée des concours. Les Sociétés d'agriculture de Meurthe et-Moselle avaient une exposition collective superbe, où l'industrie forestière était dignement représentée. M. Grandeau, directeur de la Station agronomique de l'Est, avait exhibé tous les spécimens possibles d'analyses, d'engrais, sols, fourrages, qui lui ont valu une médaille d'or, ainsi qu'à l'exposition collective. En face se trouvait placée l'admirable collection du pensionnat des Frères de Reims, qui a recueilli une nouvelle palme bien méritée, un rappel de médaille d'or décerné à l'unanimité du jury.

Des premiers prix sont également octroyés aux produits alimentaires de M. Block, aux excellents beurres de M. Fagot, au pétillant vin de M. Chauffour, de Mareuil-sur-Ay, aux liqueurs de M. Cancal, aux produits agricoles de M. P. Genay, aux succulentes conserves de M. Lafosse, de Nancy.

Les vins mousseux de M. Mercier, d'Epernay, ne viennent qu'en second ordre de récompenses, ainsi que les toisons de M. Battelier, de Meix-Tiercelin, et celles de M. Dupont. Les maïs de M. Michel reçoivent une médaille de bronze. M. Guérault-Godart, à un double titre, aurait bien fait d'apporter aussi à Nancy des spécimens de sa fromagerie, car cette section des produits, bien que paraissant appétissante pour un grand nombre, ne réunissait sans doute point les qualités voulues, puisque trois mentions honorables seulement lui ont été accordées. M. Guérault aurait donc triomphé sans peine de ses faibles concurrents, et en outre fait connaître la réputation de sa fromagerie aux Nancéens. Il y avait cependant là de véritables Gérardmer, des Vosges, et des Roquefort venant en droite ligne de Lyon, sans compter les façons-Brie fabriquées dans la Meurthe-et-Moselle.

Je finis par où j'aurais dû commencer : par les concours spéciaux de produits.

Point de premiers prix de semence de blé, de houblon et d'avoine.

Il en est de même pour les tabacs et l'osier blanchi et gris.

Parmi les fruits et les légumes, les asperges de M. Champagne, de Dombasle, reçoivent une médaille d'argent, et M. Pierson, une de bronze.

Un lot de beurre d'Isigny (Calvados) lutte en vain contre ceux de la région et n'obtient qu'une mention honorable.

Les vins de Clinton, d'Herbemond, de Morton-Virginie, envoyés par un exposant de l'Hérault, ont mérité une médaille d'argent. Pareille récompense est accordée au vin blanc de Zucco, appartenant à M. le duc d'Aumale, représenté par M. Bucan, de Neuilly-sur-Seine.

Médaille de bronze aux petits vins des Vosges, dont l'un est côté 3 fr. la bouteille, année 1857 il est vrai.

Instruments.

Des produits aux instruments il n'y a qu'une coudée. C'est réellement à se perdre, tant ce champ est vaste et intéressant.

Un concours de semoirs à grand travail a donné les résultats suivants :

1re médaille à M. Smyth ; 2e à M. Gautreau ; 3e à M. Demoncey (Aisne).

C'est ce dernier semoir qui figurait à Epernay en 1876,

muni d'un frein permettant son emploi dans les terrains en pente rapide. Il est regrettable que nos constructeurs champenois n'aient pas cru ou pu y prendre part.

Dans les appareils de labourage à vapeur, aucun ne s'est présenté.

Viennent les charrues monosocs :

2e Prix, M. Meixmoron, de Dombasle ; 3e M. Louis, de la Meuse.

Les houes à grand travail pour la culture des céréales en lignes : M. Delahaye, de l'Aisne, mérite la médaille d'or, M. Gourguillon, une médaille d'argent, et M. Meixmoron, celle de bronze.

Le concours des machines à battre a eu pour résultat d'accorder le 1er prix à M. Gérard, de Vierzon ; le second à M. Harter, de l'Aube ; le 3e à M Missa, de Reims. M. Hatté, de Damery, n'a pas été heureux cette fois, malgré ses succès antérieurs.

Dans celui des aplatisseurs, M. Gourguillon est proclamé premier lauréat; M. Harter vient après, et M. Peltier ensuite.

Pour les trieurs, c'est celui de M. Presson, de Bourges, qui reçoit la médaille d'or. M. Clert, de Niort, est relégué au second rang.

C'est le tour des appareils de cuisson pour la préparation de nourriture aux animaux. Ceux de M. Gourguillon triomphent sans peine de ses concurrents; ils reçoivent la médaille d'or, tandis que celle d'argent est dévolue à M. Fouché.

La harnacherie agricole a pour lauréat principal M. Rebattet, de Nancy.

Puisque j'ai parlé de M. Gautreau, je dois ajouter qu'il avait amené à Nancy les meilleurs spécimens d'instruments d'extérieur, à des prix abordables à tous.

MM. Decker et Mott étaient venus avec un attirail complet des instruments nécessaires et indispensables à l'agriculture. Qui ne connaît leurs excellentes charrues bissocs, leurs légers trisocs et leur moulin pour la petite culture, mû par un manége, d'un bon marché exceptionnel ?

M. Hermann s'est placé à un autre point de vue : ses travaux s'adressent à la grande culture, témoins ses locomobiles si solides et son grand moulin pouvant soutenir la lutte avec ceux montés à l'anglaise. Les prix varient de 900 à 3,500 fr.

On retrouve là tous les systèmes de faucheuses et moissonneuses françaises, anglaises et américaines ; mais cela ne suffit point ; il faudrait les voir à l'œuvre, car, si on juge l'homme par ses actions, on juge les machines par leur travail. La machine, ou plutôt les moissonneuses fonctionnant par la vapeur, exposées par M. P. François, paraissent de mieux en mieux construites, M. Wood a eu une heureuse idée d'en fabriquer une à un cheval.

Du reste, MM. Breton, Harter et Walck-Virey ont suivi son exemple.

Il est regrettable que la lieuse Gabreau, perfectionnée par M. Pilter, qui en est devenu propriétaire, n'ait point été exposée aux cultivateurs impatients qui, à Nancy comme à Reims, étaient venus de loin pour la voir et surtout pour l'acheter.

J'apprends en ce moment que M. Wood vient de faire hommage à M. Tisserand, directeur de l'Institut agronomique, d'une nouvelle *moissonneuse-lieuse*, expérimentée en présence de M. de Meaux, ministre de l'agriculture. Ces essais ont été très-satisfaisants et doivent être renouvelés prochainement. Cette moissonneuse coupe et lie automatiquement les gerbes qu'elle dépose ensuite sur le sol.

Cette nouveauté en mécanique agricole, bien qu'heureuse, aura, comme toutes les choses de la vie humaine, ses avantages incontestables et ses inconvénients incontestés. On ne pourra l'employer que par un temps bien sec et pas au début de la moisson, attendu que certaines céréales, soit à cause de l'humidité, soit à cause des herbes qui poussent souvent avec abondance, soit à cause d'une certaine dessication, comme l'avoine qui fermente en gerbe quand on la lie trop tôt, nécessitent un javelage. Mais toujours est-il que M. Wood mérite la reconnaissance publique.

Si bien faites que soient les machines à battre à bras, maintenant en grande partie mues par des manéges qui tous, par parenthèse, ont baissé de prix, la préférence est et sera toujours pour les machines en travers, qui laissent la paille intacte.

Je signalerai ici un instrument nouveau pour beaucoup de monde : c'est le *thermo-réfrigérant,* dont le but est de refroidir le lait lors de la traite, afin de le conserver longtemps, et qui réalise un désir exprimé depuis bien des années par les propriétaires de vaches. Aussi le jury a-t-il récompensé MM. Decker et Mott d'une médaille d'or pour ce nouvel appareil.

Dire ce que valent les fourches américaines peut se prouver par leurs ventes. C'est par centaines qu'on les demandait.

Un Rémois, M. Desprez, avait exhibé une dégermeuse pour malterie, qui était des mieux faites.

Une machine à épuisement, d'une puissance considérable, attirait bien des regards, d'autant plus que le liquide aspiré et rejeté était colorié en rouge et retombait comme en cascade de vin dans un énorme réservoir. Elle était comme la reine des 100 pompes de tous modèles qui s'offraient aux besoins des acheteurs. Je n'ai rien à ajouter à ce que j'en ai dit à Reims. Je citerai seulement les puits instantanés de MM. Piton frères, de Nancy, qui, au moyen d'une pompe posée en quelques secondes, donnent de suite l'eau nécessaire.

Ceci convient principalement pour les armées en campagne et pour les troupeaux séjournant dans les champs. Un prix spécial leur est justement attribué.

Je ne veux point passer sur la machine à broyer les pierres les plus dures, sans dire combien son utilité est grande et son travail incroyable : elle brise les silex avec la même facilité qu'un homme peut casser des noix ou mastiquer des aliments; elle convient à tous les entrepreneurs qui exploitent les carrières. Espérons que la multiplicité de ces machines contribuera à faire diminuer le prix de nos prestations et favorisera les budgets communaux. Plus de *deux mille* sont déjà employées journellement à ces travaux spéciaux et pénibles avant son invention. M. Gourguillon, qui a déjà reçu cinq ou six médailles ou primes, voit encore son hache-paille réglant la coupe à différentes longueurs obtenir une médaille de bronze. La Meurthe-et-Moselle possède une autre importante fabrique d'instruments aratoires : celle des frères Breton, qui semble l'émule de la maison Meixmoron; elle est établie à Einvaux, et fournit chaque année beaucoup d'engins agricoles. Son exposition atteignait 110 numéros.

En somme, l'exposition du matériel ne laissait rien à désirer, c'est-à-dire qu'elle était complète : les machines ne manquaient ni d'intérêt, ni de variété, ni d'utilité.

Honneur à ses promoteurs et à ses propagateurs!

Notre département occupe toujours le premier rang ; il a obtenu le cinquième des récompenses.

Pour les machines, n'est-ce point notre éminent Président qui a soutenu, encouragé l'infatigable Paul François (1)? Ah! si chaque département possédait de tels hommes de progrès, de zèle et de dévouement, les machines perfectionnées, qui ne sont encore aujourd'hui que l'exception, seraient bien vite dans toutes les mains. A Nancy, comme ailleurs, il y avait des plaintes de quelques exposants malheureux : tels instruments étaient primés, disaient-ils,

(1) Nos honorables collègues, MM. Gillet père et fils, ont également fait tout ce qui dépendait d'eux pour cette propagation et ont droit à la reconnaissance publique.

contre d'autres dédaignés du jury. Il faut convenir qu'il est parfois bien difficile de juger en pleine connaissance des engins qui ne fonctionnent que quelques minutes devant une commission. Ce temps ne suffit point et ne peut donner qu'une idée imparfaite de leurs mérites et encore plus imparfaite de leurs défauts. Pour obvier à cet inconvénient, qui se présente souvent, il faudrait que l'administration rendît un arrêté portant : « Que les jurés d'un » concours régional auront égard, dans l'appréciation des » instruments, aux épreuves publiques déjà subies devant » des Comices, et aux rapports constatant leurs avantages » et leurs succès. » Ces succès, sans obliger les commissions régionales, fourniraient des lumières précieuses pour leurs jugements définitifs, et l'autorité de leurs décisions grandirait devant le monde agricole. Cette idée n'est point la mienne, néanmoins j'ai cru devoir m'en faire l'écho (1).

Dans l'agriculture comme dans l'industrie, on excite les ouvriers contre les machines « leur enlevant le travail, le » pain de chaque jour. Sans entrer dans les motifs qui leur dictent d'aussi mauvais sentiments, qui ont la passion pour base, je dois dire bien haut : « *Que faire la guerre aux » machines, c'est la faire à l'homme lui-même,* dont elles » diminuent les peines et facilitent l'existence. »

Ainsi, pour ne citer qu'un exemple, la charrue fut une machine inventée par les premiers hommes pour remplacer la bêche et la pioche. J'en ajouterai encore un plus palpable : les voitures et les chariots n'ont-ils pas adouci le travail des gens employés à porter des fardeaux ? Fallait-il maudire leurs constructeurs ? Tous les instruments qui suppriment *un travail,* et non *pas le travail*, sont des services réels rendus à l'homme. Comme celui-ci aura toujours plus de travail qu'il ne pourra en faire, quoi qu'il advienne, ces engins nouveaux, qui

(1) C'est celle de M. Hervé directeur de la *Gazette dss Campagnes*.

accroissent la production de ses efforts et de ses peines, lui apporteront plus de travail qu'ils n'en suppriment. Le but ou le rôle des machines a donc pour effet de multiplier le travail au lieu de le supprimer.

Pour terminer une statistique honorable pour la Marne, c'est celle des récompenses. Sur 285 décernées à Nancy, notre département a obtenu les suivantes, dont il y a lieu d'être fier :

Objets d'art..............	3
Médailles d'or............	12
Médailles d'argent........	13
Médailles de bronze.......	16
Mentions honorables.......	8
Prix supplémentaires......	2
	54

sans compter trois prix décernés à M. Padier, de Plivot, pour ses étalons.

Je l'ai dit en commençant : Nancy a eu un concours hippique des plus remarquables, comportant 112 chevaux ou juments.

Le turf n'appartient plus seulement aux chevaux de courses : les chevaux montés et attelés prennent de plus en plus le rang qui leur appartient dans nos exhibitions hippiques. Les chevaux de trait léger, issus de percheronnes et d'arabes ont donné d'excellents résultats. Il y a le progrès à constater dans l'appareillement.

Sans avoir atteint la perfection désirable, les électeurs ont fait des efforts continuels pour atteindre le but pratique de ces concours.

Courage, éleveurs de nos productives et industrieuses contrées! luttez de plus en plus contre l'importation étrangère? Continuez votre tâche : elle est patriotique!

M. Thiérot, de Reims, comptait aussi parmi les exposants. Dans les deux étalons et les deux poulinières qu'il avait amenés, il a été moins heureux que M. Padier.

Le public était unanime à reconnaître l'heureux agencement, l'organisation spéciale et les dispositions particulières du concours régional, qui font honneur à la municipalité de Nancy, qui a su d'autre part attirer les visiteurs par des fêtes que pouvaient envier les Parisiens (1).

Les fêtes de l'agriculture, on ne saurait trop le répéter, sont les fêtes de la *paix* par excellence, parce que l'agriculture, je l'ai dit ailleurs, est la base de toute vraie morale et partant de l'ordre; elle est conservatrice, elle sera régénératrice.

Chacun sait que ce n'est point en semant de la cuscute et de l'ivraie que l'on récoltera du blé et de la luzerne. Agriculteurs, et nous tous cultivateurs, *unissons-nous* et cherchons à répandre partout la diffusion des saines doctrines, des bons exemples, qui produiront l'aisance au village et le bien-être dans toute la France! Serrons nos rangs et marchons à la suite du chevaleresque chef de l'Etat, du loyal Mac-Mahon! qui nous est sûr garant de cet ordre dont nous avons besoin pour produire le pain de tous: c'est le seul moyen de rendre à la nation sa prospérité. C'est là ma conclusion du concours : ce sera votre vœu à tous, mes chers collègues. Que la Providence, qui fait germer et croître le bon grain, daigne l'exaucer en nous donnant de dignes représentants.

Avant de soumettre mon rapport à votre approbation, je vais essayer de placer sous vos yeux la physionomie sommaire, le compte-rendu incomplet de la réunion des délégués, tel que ma mémoire me le permettra. Vous suppléerez à sa fidélité.

(1) Mais la blessure, la mutilation faite à la Patrie, à quelques lieues de là, jetait un voile de tristesse dans les âmes vraiment patriotiques.

SEANCE DES DÉLÉGUÉS DES SOCIÉTÉS AGRICOLES.

La réunion des délégués a eu lieu le Vendredi 29 Juin, dans le grand salon de la mairie de Nancy, sous la présidence de l'honorable M. Tisserand, commissaire général.

Soixante-quinze membres environ étaient présents.

M. le Président rappelle que le but de l'assemblée est de modifier, s'il y a lieu, le programme du Concours régional de l'année suivante, et qui doit avoir lieu, pour la région du Nord-Est, à Charleville.

Je saisis cette occasion pour demander le maintien des concours en 1878, ajournés de fait par la commission du budget, qui s'y est montrée défavorable.

Voici en quels termes M. le Président lit ma motion à ce sujet :

« Le soussigné, délégué du Comice de Châlons-sur-Marne, » au nom de ses nombreux collègues, des exposants et de » tous les cultivateurs de la Marne, a l'honneur de prier » M. Tisserand, commissaire général, d'être leur interprète » près de M. le Ministre de l'agriculture, afin de supplier le » Gouvernement de faire de nouveau inscrire et reporter » au budget les crédits affectés aux Concours régionaux de » 1878, supprimés par la Commission budgétaire. Il espère » que ce vœu, généralement exprimé dans toute la France, » sera appuyé par MM. les délégués, et qu'ils joindront » leurs votes à tant d'autres de leurs collègues.

M. le Président. — La parole est à M Bablot-Maître pour développer sa motion.

M. Bablot-Maître. — Permettez-moi, Messieurs, d'ajouter un mot à la motion que j'ai eu l'honneur de déposer sur le bureau, non point pour la développer, car cette question si grave et si importante de la suppression des Concours appelle sa réforme d'elle-même, mais pour vous prier de vous unir à ma proposition, afin de demander au Gouvernement d'user de son influence et de tous les moyens en son pouvoir, pour faire maintenir au budget les crédits destinés à subventionner les concours régionaux de 1878, supprimés par la commission nommée *ad hoc*.

Je voudrais pouvoir réunir et placer sous vos yeux le chiffre total des ventes opérées dans toutes les régions, afin de démontrer à tous la nécessité de ces concours annuels et la perte énorme résultant de leur ajournement.

Oui, Messieurs, joignons nos vœux à ceux de tous les lauréats et exposants, afin que l'on abandonne l'idée déplorablement malencontreuse et anti-agricole, je devrais ajouter anti-sociale, de leur suspension pendant l'Exposition !

N'est-ce point dans ces réunions, dans ces assises solennelles que les propriétaires, les fermiers, les cultivateurs, les visiteurs, viennent s'enquérir du progrès agricole, qui est, je le répète, le progrès social, viennent, dis-je, visiter, étudier les résultats des cultures raisonnées et expérimentales, et partant, l'économie rurale de chacune de leurs régions, que ne remplacera jamais une Exposition universelle?

Combien de cultivateurs, en effet, se dérangent pour leur Concours régional et ne pourraient se déplacer pour aller à Paris ?

En présence de tant d'intérêts lésés, et pour les divers motifs que je viens d'exprimer, j'espère, Messieurs, que vous les partagerez et que vous adopterez mes conclusions.

(Après des marques d'assentiment général, dont j'ai été très-touché, moins pour moi que pour la question que je défendais, et aucun membre ne prenant la parole contre ce vœu, ma motion, mise aux voix, a été adoptée *à l'unanimité.*

M. P. Genay, de Nancy, demande que la réunion exprime le vœu que le prochain Concours de notre région n'ait pas lieu à une époque aussi tardive qu'en 1877, disant avec raison que les travaux des champs empêchent les habitants de la campagne de s'y rendre.

Bien que votre délégué partageât les justes motifs allégués par l'honorable préopinant, il crut devoir rappeler que si le concours de Nancy s'est tenu pendant la fenaison, c'est sur la demande même des délégués lorrains qui, l'an dernier, à Reims, avaient sollicité cette époque, afin de faire coïncider ce Concours avec l'inauguration de plusieurs lignes ferrées devant, à leur point de vue, amener à Nancy plus d'étrangers.

Après quelques observations diverses, le Concours de Charleville est fixé du 25 *mai au* 10 *juin.*

Dans la seconde partie de sa demande, M. Genay sollicite la suppression des fonds affectés aux concours régionaux, afin de les répartir entre les Sociétés et les Comices agricoles.

M. le Président répond que ce serait là un simple virement et non une suppression de fonds. Cette proposition, mise aux voix, est adoptée.

M. Genay dit encore que le métayage étant presque inconnu dans la région Nord-Est, il en demande la suppression, afin d'augmenter d'autant les primes d'honneur des petits fermiers. — Adopté.

M. Magnin, député de Meurthe-et-Moselle, propose l'adjonction des juments poulinières dans les Concours régionaux.

D'autres membres, ayant des vues plus larges, expriment le désir que toute la race chevaline soit comprise dans le programme, au même titre que tous les animaux.

Après une discussion courtoisement et habilement résumée, *M. le Président*, désirant rallier toutes les diverses opinions qui s'entrecroisent avec vigueur, propose d'étendre ce vœu aux chevaux agricoles seulement.

M. Ferry, délégué du Comice de Saint-Dié, dit qu'il est partisan de l'adjonction de la race hippique, mais à l'exclusion des chevaux de course ou pur sang, qui sont primés ailleurs, et que le jury reconnaîtra facilement.

L'assemblée partage ses vues.

M. Bouly, délégué du Comice de Bourbonne, émet le vœu que des modifications régionales soient apportées en ce qui concerne la Haute-Marne. Il développe avec énergie ses raisons et rencontre des contradicteurs parmi même les autres délégués de ce département, qui les combattent par des considérations judicieuses partagées par l'assemblée, et finalement font rejeter toute modification.

M. Ferry sollicite pour l'avenir un prix de bande pour la race vosgienne; il apporte des motifs à l'appui, qui ne semblent point suffisants pour faire adopter sa demande.

M. Lhotelain, délégué du comice de Reims, combat avec talent M. le délégué des Vosges, et propose au contraire de supprimer cette sous-catégorie, dont il reconnaît les qualités comme race locale, mais qui, en dehors de son pays, est inférieure aux flamande, hollandaise, etc.; il ne s'oppose point à ce que l'on décerne des prix de bandes, mais à des races plus avantageuses.

Notre honorable compatriote profite de cette circonstance pour exprimer à son tour le vœu qu'un prix de bande soit décerné à la race ardennaise, centre du concours de l'année prochaine.

M. Ferry défend de nouveau les vosgiennes, prétend que l'on ne les connaît pas assez, et repousse la proposition Lhotelain qui, dit-il, fait de l'exclusivisme.

M. Ravinel, délégué de la Meurthe-et-Moselle, ne partage point l'opinion de M. Ferry, et ajoute qu'il faut, dans toutes les questions, éviter les intérêts de clocher et ne voir que l'intérêt général.

Un membre appuie M. Ferry, dit qu'il faut encourager de plus les vosgiennes, qui sont admises depuis peu dans les grands Concours, et demande que l'on ne modifie point le programme.

M. Ferry ajoute que son admission a eu lieu à Troyes, il

y a 2 ou 3 ans, et que chaque année est marquée d'un progrès incontestable dans le nombre des sujets exposés.

M. Lhotelain propose l'amendement suivant : « Tous les » ans, un prix de bande pour les vaches laitières du pays » sera décerné dans chaque département chef-lieu du » concours. »

M. le baron de Benoist, *délégué de la Meuse*, déclare qu'à Nancy, le jury n'a trouvé aucune bande susceptible d'obtenir le prix prévu au programme.

M. le Président, qui avait écouté avec une grande bienveillance cette longue discussion et étudié les nombreuses observations, a dit que personnellement il n'était point partisan de l'exclusion, et que, par conséquent, il ne fallait point restreindre les prix de bande. En conséquence, il propose de se rallier au programme, qui est très-large.

M. P. Genay exprime le désir que le jury des instruments soit divisé en trois sections au lieu de deux, et que cette 3e section soit chargée de l'art. 16, qui est l'épouvantail des jurés, en ce qu'elle mécontente aussi les exposants qui réclament continuellement.

M. le Président donne à ce sujet un bon avis pour tirer le jury de l'embarras qu'il peut avoir : c'est qu'il ne décerne des récompenses que pour des innovations, des inventions nouvelles en un mot, et non à des modifications ou à des perfectionnements qui trouveront leur tour dans des concours spéciaux.

M. le baron de Benoist partage ces judicieuses observations et ajoute : qu'on décerne trop facilement ou trop légèrement des médailles aux exposants dans cette catégorie, récompenses qui illusionnent les acheteurs, qui en sont souvent dupes.

M. P. Genay propose de modifier le programme en ajoutant l'amendement suivant : « de récompenser quelques-uns des instruments qui, par leur nature, ne peuvent être appelés aux concours spéciaux. » (Adopté).

M. Lhotelain émet l'avis qu'à l'avenir on ferait bien de ne point décerner de prix aux représentants, mais aux machines.

M. Baudry-Erard, délégué du Comice de Mirecourt, exprime le vœu que l'horticulture fasse partie du programme du concours régional.

L'horticulture, dit-il, rapporte un milliard; il en fait l'historique sommaire, et dit que le gouvernement l'encourage par des subventions ainsi que l'arboriculture, et propose pour cette partie intégrante de l'agriculture des objets d'art et des récompenses.

M le Président croit devoir répondre que, dans diverses circonstances, le jury a su récompenser dignement les horticulteurs méritants, tels que MM. Baltet, de Troyes, et d'autres encore, et que le passé est une garantie pour l'avenir. (Mis aux voix, le vœu est rejeté)

Si la demande de M. le délégué de Mirecourt n'est pas adoptée, ce n'est point le principe qui est rejeté, car M. le président, se faisant l'interprète de l'opinion de l'assemblée, déclare que les jurys, dans tous les concours, sauront reconnaître les mérites de chacun.

M. Lhotelain, avec un courage dont on doit le féliciter, n'ayant pu faire adopter son amendement à l'occasion d'un prix de bande, revient une troisième fois à la charge et demande pour l'année prochaine la création d'une sous-catégorie spéciale de la race ardennaise, afin de favoriser son élevage dans les Ardennes où elle existe encore dans toute sa pureté, au nord de ce département.

Après quelques objections, contre lesquelles votre délégué a cru devoir protester pour appuyer l'amendement de son collègue, la demande, mise aux voix, est adoptée à une grande majorité.

M. Borgeonnet propose un amendement à l'art. 16, par lequel les exposants spécifient dans leurs demandes d'admission qu'ils ont l'intention de concourir sous cet article. — Adopté.

Un délégué émet le vœu qu'un prix régional soit décerné à l'instituteur le plus méritant du département où se tiendra annuellement le concours, afin d'encourager l'enseignement agricole, qui devient de plus en plus nécessaire. Le programme devra embrasser les applications de la pratique, aussi bien que les règles de la théorie.

M. le Président partage pleinement et fait partager cette bonne intention par l'assemblée, et se propose de faire nommer à ce sujet une commission ministérielle.

Il félicite en outre les Comices qui, depuis un certain nombre d'années, ont pris l'initiative de ces récompenses et ajoute que le prix régional serait une consécration des récompenses antérieures, qui seraient prises en considération.

M. Lepique, délégué du comice d'Epinal, trouvant que les subventions accordées aux serviteurs ruraux, des primes d'honneur et culturales, ne sont point suffisantes, propose d'élever le chiffre de 600 à 1,200 francs. Aucun membre ne s'élevant contre cette demande, qui paraît judicieuse, M. le président observe que, sur l'ensemble des 12 concours, l'augmentation ne serait que de six mille francs et se joint à l'assemblée pour en adopter les conclusions.

Rien n'étant plus à l'ordre du jour, M. le président remercie MM. les délégués de leur empressement et de leur bienveillance, et déclare la séance levée.

Le délégué du comice de Châlons-sur-Marne,

E. BABLOT-MAITRE.

Nancy, le 1er juillet 1877.

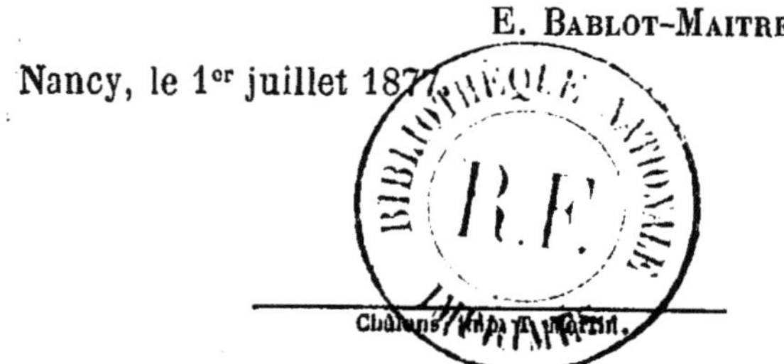

Châlons, Impr. T. Martin.

www.ingramcontent.com/pod-product-compliance
Ingram Content Group UK Ltd.
Pitfield, Milton Keynes, MK11 3LW, UK
UKHW021038230726
13926UKWH00004B/1540

9 782016 114612